全国现代学徒制工作专家指导委员会指导

汽车机械基础

主　　编　许　媛　韩　彬　解国林　李彩兵
副 主 编　姚恒梅　朱静秋　张远杰　王枝东　张华祥
合作企业　上海景格科技股份有限公司
编　　者　（按姓氏拼音排序）

董浩楠（江苏汽车技师学院）　　　许　媛（江苏汽车技师学院）
韩　彬（江苏省扬州技师学院）　　许宜刚（河北汉光重工有限责任公司）
李彩兵（仪征技师学院）　　　　　姚恒梅（江苏省扬州技师学院）
汤晓乐（江苏汽车技师学院）　　　袁建锋（清远市职业技术学校）
王少华（河北汉光重工有限责任公司）张华祥（仪征技师学院）
王枝东（仪征技师学院）　　　　　张远杰（江苏汽车技师学院）
解国林（江苏汽车技师学院）　　　朱静秋（江苏省扬州技师学院）

復旦大學 出版社

序　言

　　党的十九大要求完善职业教育和培训体系,深化产教融合、校企合作。自2019年1月以来,党中央、国务院先后出台了《国家职业教育改革实施方案》(简称"职教20条")、《中国教育现代化2035》《关于加快推进教育现代化实施方案(2018—2022年)》等引领职业教育发展的纲领性文件,新修订的《中华人民共和国职业教育法》(简称"新职教法")于2022年5月1日起施行,首次以法律形式确定了职业教育是与普通教育具有同等重要地位的教育类型,实现了从"层次"到"类型"的重大突破,为职业教育的发展指明了道路和方向,标志着职业教育进入新的发展阶段。基于产教深度融合、校企合作人才培养模式下的教师、教材、教法"三教"改革,是贯彻落实党和政府职业教育方针的重要举措,是进一步推动职业教育发展、全面提升人才培养质量的基础。

　　随着智能制造技术的快速发展,大数据、云计算、物联网的应用越来越广泛,原来的知识体系需要变革。如何实现职业教育教材内容和形式的创新,以适应职业教育转型升级的需要,是一个值得研究的重要问题。"职教20条"提出校企双元开发国家规划教材,倡导使用新型活页式、工作手册式教材并配套开发信息化资源。"新职教法"第三十一条规定:"国家鼓励行业组织、企业等参与职业教育专业教材开发,将新技术、新工艺、新理念纳入职业学校教材,并可以通过活页式教材等多种方式进行动态更新。"

　　为了适应职业教育改革发展的需要,全国现代学徒制工作专家指导委员会积极推动现代学徒制模式下之教材改革。2019年,复旦大学出版社率先出版了"全国现代学徒制医学美容专业'十三五'规划教材系列",并经过几个学期的教学实践,获得教师和学生们的一致好评。在积累了一定的经验后,结合国家对职业教育教材的最新要求,又不断创新完善,继续开发出不同专业(如工业机器人、电子商务等专业)的校企合作双元育人活页式教材,充分利用网络技术手段,将纸质教材与信息化教学资源紧密结合,并配套开发信息化资源、案例和教学项目,建立动态化、立体化的教材和教学资源体系,使专业教材能够跟随信息技术发展和产业升级情况,及时调整更新。

　　校企合作编写教材,坚持立德树人为根本任务,以校企双元育人,基于工作的学习为基本思路,培养德技双馨、知行合一,具有工匠精神的技术技能人才为目标。将课程思

政的教育理念与岗位职业道德规范要求相结合，专业工作岗位（群）的岗位标准与国家职业标准相结合，发挥校企"双元"合作优势，将真实工作任务的关键技能点及工匠精神，以"工程经验""易错点"等形式在教材中再现。

校企合作开发的教材与传统教材相比，具有以下三个特征。

1. 对接标准。基于课程标准合作编写和开发符合生产实际和行业最新趋势的教材，而这些课程标准有机对接了岗位标准。岗位标准是基于专业岗位群的职业能力分析，从专业能力和职业素养两个维度，分析岗位能力应具备的知识、素质、技能、态度及方法，形成的职业能力点，从而构成专业的岗位标准。再将工作领域的岗位标准与教育标准融合，转化为教材编写使用的课程标准，教材内容结构突破了传统教材的篇章结构，突出了学生能力培养。

2. 任务驱动。教材以专业（群）主要岗位的工作过程为主线，以典型工作任务驱动知识和技能的学习，让学生在"做中学"，在"会做"的同时，用心领悟"为什么做"，应具备"哪些职业素养"，教材结构和内容符合技术技能人才培养的基本要求，也体现了基于工作的学习。

3. 多元受众。不断改革创新，促进岗位成才。教材由企业有丰富实践经验的技术专家和职业院校具备双师素质、教学经验丰富的一线专业教师共同编写。教材内容体现理论知识与实际应用相结合，衔接各专业"1+X"证书内容，引入职业资格技能等级考核标准、岗位评价标准及综合职业能力评价标准，形成立体多元的教学评价标准。既能满足学历教育需求，也能满足职业培训需求。教材可供职业院校教师教学、行业企业员工培训、岗位技能认证培训等多元使用。

校企双元育人系列教材的开发对于当前职业教育"三教"改革具有重要意义。它不仅是校企双元育人人才培养模式改革成果的重要形式之一，更是对职业教育现实需求的重要回应。作为校企双元育人探索所形成的这些教材，其开发路径与方法能为相关专业提供借鉴，起到抛砖引玉的作用。

全国现代学徒制工作专家指导委员会主任委员
广东建设职业技术学院校长

博士，教授

2022 年 6 月

前　言

本教材以培养高素质劳动者和应用型人才为目标，结合专业岗位对机械基础知识的要求，结合实际教学、工作情况，融入岗位实践经验编写而成。机械基础是机电、汽车类专业基础课程，传统的教材存在实操指导性不强，理论课内容偏深、偏难的弊端，缺乏立体教学资源等。为更好地满足职业教育教学改革的需要，编写了这本适合新形势的中高等职业院校的一体化教材。

针对当前职教学生的特点，本着"够用""实用"的原则，重构知识体系，突出技能训练，强化创新能力的培养，以培养具备扎实理论基础和复合型技能的人才，使其适应科技进步、经济发展和市场的需要。

改变原有以学科知识为主线的课程模式，构建以岗位能力为本位的项目任务体系，以项目引领，任务驱动。本着积极稳妥、科学严谨、务实创新的原则，系统调研汽车制造企业的专业发展趋势、人才需求状况、职业岗位群对知识技能的要求等，以技能为本位，以就业为导向，着力构建"核心能力＋项目任务"的专业课程新模式。以培养学生机械基础知识为主线，以学生为主体，以学生易于接受的表达方式，由浅入深，循序渐进。用完成任务的形式将机械基础的相关知识和汽车行业的相关技能有机地融为一体，让学生在快乐中体验"做中学、学中做"。

本书以机电、汽车相关专业所面向的主要就业岗位为导向，选取以汽车（机械）的组成及传动路线为主线的教学内容和实训项目，以典型工作任务引领，以动力、传动、行驶、液压控制装置的典型机构为载体，组成常用工量具认识与使用、机械总体构造分析、动力装置机构分析与应用、传动系统结构认识与分析、液压控制装置分析与应用等情境，形成"工作任务驱动，结构认识导入，项目教学引领，理论实践结合，过程评价考核，能力逐步提升"的行动导向教学模式。

本教材由学校教师和企业专家共同编写，可作为中高职、技工院校、技师学院、远程教育和培训机构的机械基础一体化教材，也可供机电工作人员学习参考和职业鉴定辅导。

目　　录

项目一　认识与使用汽车维修工量具 1-1
- 任务1　汽车常用测量工具的使用 1-2
- 任务2　汽车常用工具的使用 1-7
- 任务3　汽车专用工具的使用 1-25
- 任务4　发动机汽缸盖拆装实例 1-36

项目二　汽车机械结构与材料认识 2-1
- 任务1　汽车机械结构认知 2-2
- 任务2　汽车零部件材料分析 2-11
- 任务3　汽车驱动桥拆装与材料分析 2-19

项目三　汽车转向结构应用 3-1
- 任务1　认识平面连杆机构 3-2
- 任务2　平面连杆机构在汽车中的应用 3-7
- 任务3　认识液压传动系统 3-10
- 任务4　汽车典型液压助力系统分析 3-18
- 任务5　拆装汽车转向系统 3-25

项目四　汽车传动结构应用 4-1
- 任务1　认识齿轮传动 4-2
- 任务2　轮系传动比计算 4-12
- 任务3　齿轮传动在变速器中的应用 4-19
- 任务4　拆装汽车变速器 4-28

项目五 汽车轴系零部件应用 ·· 5-1

任务1 认识轴系零部件 ·· 5-2
任务2 认识轴承 ·· 5-9
任务3 轴系零部件在汽车上的应用分析 ·· 5-20
任务4 拆装汽车万向传动装置 ·· 5-30

项目六 发动机结构与分析 ·· 6-1

任务1 认识曲柄连杆机构 ·· 6-2
任务2 拆装发动机曲柄连杆机构 ·· 6-11
任务3 认识凸轮机构 ·· 6-21
任务4 分析凸轮机构在发动机上的应用 ·· 6-25
任务5 调整气门间隙 ·· 6-31
任务6 认识带传动、链传动 ·· 6-37
任务7 带传动与链传动的安装、维护与张紧 ·· 6-41
任务8 发动机正时带的检查、调整及更换 ·· 6-46

附录 ·· 1

项目一

【 汽车机械基础 】

认识与使用汽车维修工量具

　　实际生产中,在仿制、维修或技术改造时,常常要使用汽车工量具。测量尺寸是拆装中的重要环节,熟练地掌握常用测量工具的使用是顺利拆装和实践的重要保证。

学习目标

1. 认识汽车常用及专用工量具,掌握使用方法。
2. 能根据任务要求,列出所需工具及材料清单,合理制定工作计划。
3. 能徒手画出草图,测量并记入尺寸,识读技术要求,完成装配等操作任务。
4. 能正确使用专用工具,进行检测、拆卸、装配。
5. 能按照作业规程,在任务完成后清理现场。
6. 能操作典型加工操作,正确填写项目验收单。

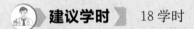

建议学时　　18学时

任务1　汽车常用测量工具的使用

任务目标

☐ 熟悉汽车维修中常用量具的名称、规格和工作原理。
☐ 掌握汽车维修过程中常用量具的正确使用方法和读数方法。
☐ 了解汽车维修中常用量具的维护和存放方法。

建议学时　4

任务描述

在测定作业当中,应尽可能采用合适精度的测量仪器。但不论何种测量仪器,总会存在测定误差。误差包括测量仪器的误差(制造和磨损产生的误差)以及测量者本身的误差(因测量者习惯以及视觉因素产生的误差)。为了保证测量仪器的精度,测定时应该注意以下事项:

(1) 应使测量仪器温度和握持的方法保持在一定的测定状态。
(2) 保持固定的测定动作。
(3) 使用后应注意仪器的清理和维护,并存放在不受灰尘和气体污染的场所。
(4) 要定期检查仪器精度。

想一想　你所见过或使用过的零件测量常用量具有哪些?常用的测量方法有哪些?

学习过程

一、常用测量工具的选用

在零件测绘中,常用的量具有钢直尺、钢卷尺、直角尺、厚薄规、千分尺、游标卡尺等。精度要求不高的尺寸,一般用钢直尺、钢卷尺等即可;精度要求较高的尺寸,一般用游标卡尺、千分尺等精确度较高的测量工具。特殊结构一般要用特殊工具如螺纹规、圆弧规、曲线尺来测量。几种常见的测量工具及其使用方法:

1. 钢直尺

钢直尺是最基本的测量工具,有钢直尺、钢卷尺等。一般用于精度要求不高的测量,可以直接测量出工件的尺寸。

钢直尺一般用钢材或不锈钢材打造而成,长度分为 150 mm、200 mm、300 mm 三种,最小刻度是 0.5 mm。汽修厂使用 150 mm 和 300 mm 这两种较多。

提示　在所有的测量工具中,钢直尺的精确度最差。

使用钢直尺时,要以端边的"0"刻线作为测量基准,不仅容易找到测量基准,而且便于读数和计数。钢直尺要放平、放正,刻度面朝上、朝外,不得前后、左右歪斜。否则,从尺上读得的数比被测得实际尺寸大。

2. 钢卷尺

钢卷尺由一条薄的富有弹性的钢带制成,整条钢带上刻有刻度。一般来讲,钢卷尺的刻度单位与钢直尺刻度单位相同。按其结构可分为自卷式卷尺和制动式卷尺两种。

钢带两边最小刻度为毫米(mm),总长度有 2m、3m、5m、10m、15m 等类型,通常用来测量长度超过 1m 的零部件。

使用前,首先要检查卷尺的各个部位:拉出和收入卷尺时,应轻便、灵活、无卡住现象;制动时,卷尺的按钮装置应能有效地控制尺带收卷,不得有阻滞失灵现象。

使用卷尺应以"0"点为测量基准,便于读数。当以非"0"点端为基准测量物品时,要特别注意起始端的数字,不然在读数时易读错。

3. 直角尺

直角尺一般用来检查工件的内外角或直角度研磨加工核算。直角尺都由一个短边和一个长边构成。

右图是在平面板上用直角尺测试气门弹簧的倾斜度。直角尺使用时,将尺座一面紧靠工件基准面,尺杆向工件另一面靠拢。观看尺杆与工件贴合处透过光线是否均匀:若透过光线均匀,则工件两邻面垂直;若透过光线不均匀,则两邻面不垂直,即不成直角。

4. 厚薄规

厚薄规又称为塞尺或间隙片,是一组淬硬的钢条或刀片,研磨或滚压成为精确的厚度,通常成套供应。在汽车维修工作中主要用于测量气门间隙、触点间隙和一些接触面的平直度等。

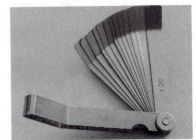

厚薄规

每条钢片标出了厚度(单位为 mm),可以单独使用,也可以将多片组合在一起,获得所要求的厚度。最薄的一片可以达到 0.02 mm。常用塞尺长度有 50 mm、100 mm、200 mm 三种。

使用塞尺测量时,应根据间隙的大小,先用较薄片试插,逐步加厚,可以一片或数片重叠在一起插入间隙内,深度应在 20 mm 左右。例如,用 0.2 mm 的塞尺片刚好能插入两工件的缝隙中,而 0.3 mm 的塞尺片插不进,则说明两工件的结合间隙为 0.2 mm。

当塞尺同一把直尺一起使用时,塞尺可用来检查零件的平直度,如汽缸盖的平直度。

由于塞尺很薄,容易弯曲或折断,测量时不能用力太大。应在结合面的全长上多处检查,取其最大值,即为两结合面的最大间隙量。测量后及时将测量片合到夹板中去,以免损伤各金属薄片。

5. 千分尺

外径千分尺的使用方法

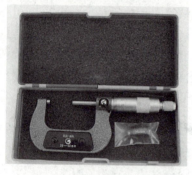

千分尺也称为螺旋测微器,是利用螺纹节距来测量长度的精密测量仪器,用于测量加工精度要求较高的零部件。汽车维修工作中一般使用可以测至 1/100 mm 的千分尺,其测量精度可达 0.01 mm。

外径千分尺是用于外径、宽度测量的千分尺。根据所测零部件外径,可选用测量范围为 0～25 mm、25～50 mm、50～75 mm、75～100 mm 等多种规格的千分尺。

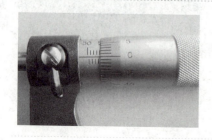

固定套筒上刻有刻度,测轴每转一周即可沿轴向前进或后退 0.5 mm。活动套管的外圆上刻有 50 等份的刻度,每等份为 0.01 mm。

棘轮旋钮的作用是保证测轴的测定压力,当测定压力达到一定值时,限荷棘轮即会空转。如果测定压力不固定则无法测得正确尺寸。

套筒刻度可以精确到 0.5 mm（可以读至 0.5 mm），以下的刻度则要根据套筒基准线和套管刻度的对齐线来读取读数。例如，套筒上的读数为 55 mm，套管上的 0.01 mm 的刻度线对齐基准线，因此读数为

$$55 \text{ mm} + 0.01 \text{ mm} = 55.01 \text{ mm}。$$

提示　为便于读取套筒上的读数，基准线的上下都刻有刻度。

6. 游标卡尺

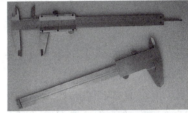

游标卡尺测量操作示范

游标卡尺又称为四用游标卡尺，简称卡尺。用于长度、外径、内径及深度的测量。在汽车维修工作中，0.02 mm 精度的游标卡尺使用最多。

提示　游标卡尺根据最小刻度的不同分为 0.05 mm 和 0.02 mm 两种。

若游标卡尺上有 50 个刻度，每刻度表示 0.02 mm；若游标卡尺上有 20 个刻度，每刻度表示 0.05 mm。

常用的游标卡尺的测量范围是 0~150 mm，应根据所测零部件的精度要求选用合适规格的游标卡尺。

游标刻度是将 49 mm 平均分为 50 等份。主刻度尺以毫米来划分刻度，将 1 cm 平均分为 10 个刻度，在厘米刻度线上标有数字 1、2、3 等。

提示　主刻度尺每个刻度为 1 mm，游标刻度尺每个刻度为 49 mm/50＝0.98 mm，所以主刻度尺和游标刻度尺每一刻度尺差为 0.02 mm。

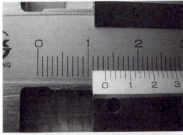

读数时，首先读出游标零线左边与主刻度尺身相邻的第一条刻线的整毫米数，即测得尺寸的整数值，如右图所示，读数为 13.00 mm。再读出游标尺上与主刻度尺刻度线对齐的那一条刻度线所表示的数值，即为测量值的小数，如右图所示为 0.44 mm。

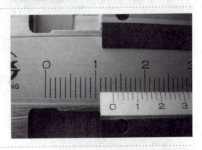

把尺身上读得的整毫米数和游标尺上读得的毫米小数加起来即为测得的实际尺寸：

$$13 + (0.02 \times 22) = 13 + 0.44 = 13.44 \text{ (mm)}。$$

二、百分表及量缸表的选用及使用

百分表利用指针和刻度,放大心轴移动量来测量尺寸,主要用于测量工件的尺寸误差以及配合间隙,如图1-1-1所示。

提示 汽车修理厂常采用最小刻度为1/100 mm的百分表的居多。同时百分表可以和夹具配合使用。

图1-1-1 百分表

(1) 百分表分类 百分表的测量头包括4种类型:
① 长型:适合在有限空间中使用。
② 辊子型:用于轮胎的凸面/凹面测量。
③ 杠杆型:用于测量不能直接接触的部件。
④ 平板型:用于测量活塞突出部分等。

(2) 百分表的结构 主要是由尺条和小齿轮装配而成。利用尺条和小齿轮将心轴的移动量放大,再由指针的转动来读取测定数值。

测量头和心轴的移动带动第一小齿轮转动,再利用同轴上的动齿轮,传递给第二小齿轮转动。装置在第二小齿轮上的指针即能放大心轴的移动量,显示在刻度盘上。长针每一个回转相当于1 mm的移动量,将刻度盘分刻100等份,测定的移动量可精确到1/100 mm。

(3) 百分表的使用 百分表要装设在支座上才能使用。支座内部设有磁铁,旋转支座上的旋钮使表座吸附在工具台上,因而又称为磁性表座。百分表还可以和夹具、V形槽、检测平板和顶心台合并使用,从事弯曲、振动及平面状态的测定或检查。

任务实施

1. 用游标卡尺测出螺纹大径(公称直径),如图1-1-2所示。根据测得的牙型、大径、螺距,与有关手册中螺纹的标准核对,选取相近的标准值,标注螺纹尺寸。

2. 测量外形尺寸,如图1-1-3所示。

图1-1-2 测量螺纹公称直径

(a) 外圆直径测量

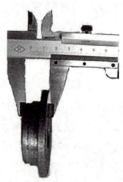
(b) 高度测量

图1-1-3 测量外形尺寸

任务训练

一、选择题

(1) 在使用游标卡尺之前,应采取下列(　　)步骤。
A. 在滑动部分涂上大量的润滑油

B. 检查钳口的端面是否变形,并调整看得见的变形之处
C. 当钳口紧贴在一起时,检查零刻度是否对准
D. 检查游标是否松开,并通过拧紧止动螺钉调整

(2) 百分表长指针表示的长度单位是(　　)。
A. 1 mm　　　　　　　　　B. 0.1 mm
C. 0.01 mm　　　　　　　D. 0.001 mm

(3) 习题图1所示外径千分尺的测量值是(　　)。
A. 2.84 mm　　　　　　　B. 23.4 mm
C. 2.34 mm　　　　　　　D. 28.4 mm

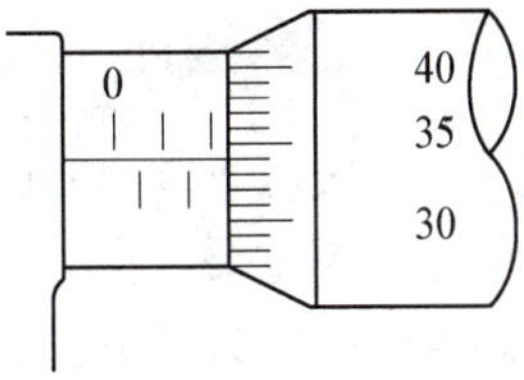

习题图1

(4) (　　)正确地表述了间隙规已被设置到适当的厚度。
A. 尺片为当前最大厚度,从间隙中撤出尺片时并没有感到任何阻力
B. 尺片为当前最大厚度,从间隙中撤出尺片时感到稍微有一点阻滞力
C. 尺片厚度是所测量间隙能够容纳的最大厚度
D. 尺片为当前最大厚度,从间隙中撤出尺片时感到相当大的阻滞力

二、判断题
(1) 游标卡尺是一种精密量具,能直接测量工件外径、内径、长度、深度等尺寸。(　　)
(2) 温度过高的工件可选用精密量具测量。(　　)
(3) 百分表的心轴过段时间就需要涂抹适量机油或润滑脂润滑。(　　)

评价反馈

1. 通过本任务的学习,你能否做到以下几点:
(1) 能掌握常见的测量工具及其使用方法。
能□　　　不确定□　　　不能□
(2) 根据被测尺寸的要求及特点选择合适的测量工具,制定合理的测量方案。
能□　　　不确定□　　　不能□
(3) 在教师的指导下,运用所学知识,通过查阅资料,测绘简单的零件草图。
能□　　　不确定□　　　不能□
2. 工作任务的完成情况:
(1) 能否正确运用测量工具,完成任务内容:_____
(2) 与他人合作完成的任务:_____
(3) 在教师指导下完成的任务:_____
3. 你对本次任务的建议:_____

任务2　汽车常用工具的使用

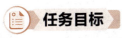

□熟悉各类常见通用维修工具的使用及注意事项。

□ 掌握各类常见通用维修工具的选用。

 建议学时　6

 任务描述

　　传统汽车维修靠的是"三分技术，七分工具"。由此可见，正确地使用工具对汽车维修来说是何等重要。汽车维修常用工具包括套筒、扳手、钳子、螺丝刀、电动及气动工具等。但很多维修技术人员不重视工具的使用方法，使用工具不规范，不能顺利完成维修工作。本任务详细学习汽车常用工具的选用。

　　想一想　你所见过或使用过的套筒是什么型号的？配套工具有哪些？

 学习过程

活动一　套筒及配套工具的选用

　　套筒扳手是拆卸螺栓最方便、灵活且安全的工具。使用套筒扳手不易损坏螺母的棱角。

　　根据工作空间大小、扭矩要求和螺栓或螺母的尺寸来选用合适的套筒头。套筒呈短管状，一端内部呈六角形或十二角形，用来套住螺栓头；另一端有一个正方形的头孔，该头孔用来与配套手柄的方榫配合，如图 1-2-1 所示。

套筒类型及使用方法

图 1-2-1　套筒

1. 套筒的规格

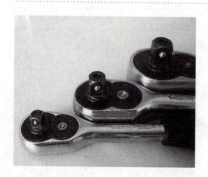

　　按所拆卸螺栓的扭矩和使用的工作环境不同，可将套筒分为大、中、小三个系列，并以配套手柄方榫的宽度来区分。

　　常见的有 6.3 mm 系列、10 mm 系列和 12.5 mm 系列，如使用英寸表示，则对应为 1/4 in 系列、3/8 in 系列和 1/2 in 系列。

2. 套筒类型

(1) 六角长套筒　六角长套筒比标准套筒深 2～3 倍,是汽车维修工作中最常用的改型套筒之一。

(2) 风动套筒　配套气动冲击扳手使用。如使用普通套筒,气动冲击扳手在工作时会产生瞬间强力冲击,可能会损坏套筒。

(3) 十二角花形套筒　套筒内径形状有六角和十二角(双六角)两种类型。内六角花形套筒与螺栓、螺母的表面接触面大,不易损坏螺栓、螺母表面；十二角花形套筒各角之间只间隔 30°,可以很方便地套住螺栓,适合于在狭窄的空间中拆卸螺栓。

提示　十二角花形套筒不能拆卸大扭矩或棱边已磨损的螺栓。因为,它与螺栓的接触面小,容易损坏螺栓的棱角或出现滑脱产生安全事故。

(4) 六角花形套筒　专门用来拆卸花形螺栓头螺栓。在拆卸时,花形套筒可与这种螺栓头实现面接触,并采用曲面结构,在缩小体积的同时可增加拆卸扭矩。

(5) 系列旋具套筒　与配套手柄配合,组合成各式各样的螺丝刀或六角扳手,用来拆卸螺栓头为特殊形状的螺栓或扭矩过大的小螺钉。

随着汽车制造技术的发展,汽车中内六角及内六花螺栓的使用越来越多,如传动带轮上的无头螺钉、变速器的放油螺栓以及减振器活塞杆的紧固螺栓等。要拆卸这种螺栓,就必须使用专用的内六角和内六花扳手。

十字形旋具套筒及旋具头形状。一字形旋具套筒及旋具头形状。米字形旋具套筒及旋具头形状。

花字形旋具套筒及旋具头形状。六角旋具套筒及旋具头形状。中孔花形旋具头不同于普通旋具头,中间为空心设计,适合于拆卸中间有凸起的花形螺栓。

3. 套筒的使用方法及注意事项

旋具套筒与不同手柄配合会起到不同作用。可用棘轮扳手实现快速旋拧,也可接上接杆加长,可以对普通螺丝刀无法拧动的螺钉施加较大扭矩。

将套筒套在配套手柄的方榫上(视需要与长接杆、短接杆或万向接头配合使用),再将套筒套住螺栓或螺母。左手握住手柄与套筒连接处,保持套筒与所拆卸或紧固的螺栓同轴,右手握住配套手柄加力。

项目一　认识与使用汽车维修工量具

　　左手握紧手柄与套筒连接处,切勿摇晃,以免套筒滑出或损坏螺栓螺母的棱角。朝向自己的方向用力,可防止滑脱造成手部受伤。

　　必须使套筒与螺栓、螺母的形状及尺寸完全适合,若选择不正确,则套筒在使用时极有可能打滑,从而损坏螺栓、螺母。

活动二　扳手及配套工具的选用及使用

　　扳手是汽车修理中最常用的一种工具,主要用于扭转螺栓、螺母或带有螺纹的零件。如果扳手选用不当或使用不当,不但会造成工件和扳手损坏,还可能引发危及人身安全方面的事故。因此,正确地选用和使用扳手显得尤为重要。

1. 扳手的分类及选用

　　扳手种类繁多,常见的有梅花扳手、开口扳手、组合扳手、活动扳手等,如图1-2-2所示。

　　在拆卸螺栓时,应按照"先套筒扳手、后梅花扳手、再开口扳手、最后活动扳手"的选用原则进行选取。在选用扳手时,要注意扳手的尺寸。尺寸是指能拧动的螺栓或螺母正对面间的距离,如图1-2-3所示。如扳手上表示有22 mm,即此扳手所能拧动螺栓或螺母棱角正对面间的距离为22 mm。扳手的选用还要依据紧固件的力矩,以及扳手是否容易接近螺栓螺母。

图1-2-2　扳手

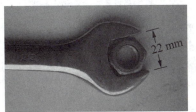

图1-2-3　扳手的尺寸

梅花扳手

　　常见的工具都有公制、英制两种尺寸单位。公制扳手用毫米(mm)标示,如图1-2-4所示。一套公制扳手的尺寸范围一般为6～32 mm,以1 mm、2 mm或3 mm为一级。

　　英制扳手采用分数形式的英寸(in)来标示,如图1-2-5所示。一套英寸扳手的尺寸范围一般为1/4～1 in,以1/16 in为一级。公制与英制之间的单位换算公式为1 mm=0.039 37 in。

图1-2-4　公制扳手

　　禁止用一种单位系统的扳手旋动另一种单位系统的螺母或螺栓。在使用各类扳手或其他转动工具时,用力方向应朝向自己,防止滑脱造成手部受伤。如果空间限制无法拉动工具,可用手掌推动,如图1-2-6所示。

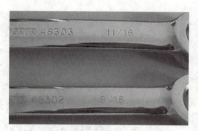 

图1-2-5 英制扳手　　　　图1-2-6 用手掌推动

想一想　你见过或使用过的扳手是多大的?

2. 扳手及配套工具的使用

(1) 梅花扳手　梅花扳手两端呈花环状,其内孔由2个正六边形相互同心错开30°而成。很多梅花扳手都有弯头,常见的弯头角度在10°~45°之间,从侧面看,旋转螺栓部分和手柄部分是错开的。这种结构方便拆卸装配在凹陷空间的螺栓、螺母,并可以为手指提供操作间隙,以防止擦伤。

棘轮扳手

(2) 梅花棘轮板手　梅花棘轮板手也称为梅花快扳,是普通梅花扳手的改进型形,在梅花扳手的花环部增加了棘轮装置。梅花棘轮板手可代替传统的棘轮扳手加套筒,更加适合在狭窄空间工作。

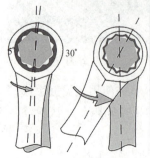

想要有效快速拆卸长螺杆,普通套筒加棘轮手柄的组合往往受限,但棘轮梅花扳手不会受限制。

世达梅花棘轮扳手可以提供更小的转换角度。普通梅花扳手需要旋转30°才能转动一个螺栓,而世达梅花棘轮扳手只需旋转5°。

(3) 开口扳手　开口扳手两头均为 U 形的钳口,可套住螺栓或螺母六角的两个对向面。开口扳手主要适用于无法使用套筒扳手和梅花扳手操作的位置,因为有些螺栓或螺母必须从横侧插入。开口扳手的钳口与手柄有一定的角度,可以通过反转开口扳手来增加适用空间。

开口扳手

扳转时禁止在开口扳手上加套管或捶击,以免损坏扳手或损伤螺栓螺母。禁止使用开口扳手拆卸大力矩螺栓。使用开口扳手时放置的位置不能太高或只夹住螺母头部的一小部分,否则会在紧固或拆卸过程中造成打滑,从而损坏螺栓、螺母或扳手,甚至会造成身体受伤。

(4) 两用扳手　两用扳手也称组合扳手,是把梅花扳手和开口扳手组合在一起,一端为开口端,另一端为梅花端,这种组合扳手使用起来十分方便。可先使用开口端把螺栓旋到底,再使用梅花端完成最后的紧固,而拧松时则先使用梅花端。

(5) 活动扳手　活动扳手也叫做可调扳手,适用于尺寸不规则的螺栓、螺母。活动扳手由固定钳口和可调钳口两部分组成,能在一定范围内任意调节开口尺寸。可调扳手可用来代替多种开口扳手。

活动扳手

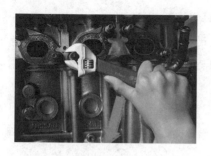

使用时应先将活动扳手调整合适,使活动扳手钳口与螺栓、螺母两对边完全贴紧,不应存在间隙。使活动扳手的可调钳口部分受推力,固定钳口受拉力。只有这样施力,才能保证螺栓、螺母及扳手本身不被损坏。

(6) 其他特殊扳手

① 油管拆卸专用扳手:是维修制动液管路时的必备工具,介于梅花扳手与开口扳手之间。根据结构和功能,与其说是开口扳手,还不如说是梅花扳手的变形形式更恰当一些。它既能像梅花扳手一样保护螺栓的棱角,又能像开口扳手一样从侧面插入,实施旋拧,但不能实施大扭矩紧固。

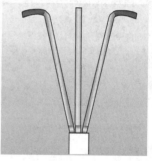

② 内六角扳手:拆卸内六角和花形内六角螺栓时,除旋具套筒头外,还可以使用专用内六角和花形内六角扳手,此类扳手多为 L 形;长端的尾部设计成球形,有利于内六角扳手从不同角度操作,便于狭小角度空间使用。

项目一　认识与使用汽车维修工量具

使用L形的六角扳手和花形内六角扳手时,手持长端,可拧松或紧固;手持短端,可用于快速旋拧螺栓;在使用内六角扳手时,应选取与螺栓内六方孔相适应的扳手,严禁使用任何加长装置。

活动三　各种钳子的选用及使用

钳子用于弯曲小的金属材料,夹持扁形或圆形零件,切断软的金属丝等。

在汽车维修中,常用的类型有钢丝钳、鲤鱼钳、尖嘴钳、斜嘴钳、水泵钳、卡簧钳、大力钳、管钳等,如图1-2-7所示。

想一想　生活中,你所见过或使用过的钳子是样的?

图1-2-7　常用的钳子

一、钳子

1. 钢丝钳

钢丝钳是最常见的一种钳子,可以用来切断金属丝或夹持零件。

钳子

使用钢丝钳时,用手握住钳柄后端,使钳口开闭。钳口前端主要用于夹持各种零件,根部的刃口可用来切割细导线。切断较硬的钢丝等物体时,禁止使用锤子击打钳子来增加切削力,这样会损坏钢丝钳。

钢丝钳

2. 尖嘴钳

尖嘴钳的钳口长而细,特别适合在狭窄空间里使用。在狭窄的空间中,钢丝钳无法满足工作条件时,可用尖嘴钳代替。

尖嘴钳

提示 严禁对尖嘴钳的钳头部施加过大的压力,这样会使尖嘴钳的钳口尖部扩张成 U 形。

3. 斜口钳

斜口钳也称为剪钳,主要用于切割金属丝或导线。斜口钳的钳口有刃口,且尖部为圆形,不具备夹持零件的作用,只能用于切割金属丝或导线。

4. 鲤鱼钳

鲤鱼钳也称鱼嘴钳,主要用于夹持、弯曲和扭转工件。鲤鱼钳的手柄一般较长,可通过改变支点上槽孔的位置来调节钳口张开的程度。

在用钳子夹持零件前,必须用防护布或其他防护罩遮盖易损坏件,防止锯齿状钳口对易损件造成伤害。

5. 水泵钳

水泵钳也称为鸟嘴钳,结构与作用同鲤鱼钳相似。这两种钳子在有些资料中统称为多位钳。在实际维修中,鲤鱼钳和水泵钳可用于拆卸散热器软管和制动系统活塞复位。

项目一　认识与使用汽车维修工量具

严禁把鲤鱼钳和水泵钳当成扳手使用，因为锯齿状钳口会损坏螺栓或螺母的棱角。

6. 大力钳

大力钳有双杠杆作用，能通过钳爪给工件施加一个较大的夹紧力。钳爪的开口尺寸可通过手柄末端的滚花螺钉来调节。

向外旋松调整螺钉时，钳口张开的尺寸增大；向里旋拧调整螺钉时，钳口张开的尺寸减小。

大力钳

当大力钳夹紧物体时，如果想释放被夹持的物体，扳压一下释放手柄，在杠杆力的作用下，钳口会释放工件。

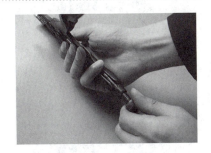

7. 管钳

管钳主要用于扳动管状零件，有活动钳口和固定钳口两种。管钳头部的钳爪表面经过淬火加硬处理并做成锯齿状，以便卡紧管状零件。活动钳口可调整，工作原理类似于活动扳手。使用管钳时要当心，否则锯齿会在管子表面划出痕迹或损坏管子表面。

1-17

管钳头部的钳爪开口成V形,卡在管子上时,V形开口设计会让锯齿状的钳爪夹紧管状零件。

8. 卡簧钳

卡簧钳是专门用来拆卸和安装卡簧的工具。卡簧(弹性挡圈)装在轴或孔的卡簧槽里,起定位或阻挡作用。根据使用范围不同,卡簧钳分为轴用和孔用两种。这两种卡簧钳均有直嘴和弯嘴两种结构形式。

活动四 各种螺丝刀的选用及使用

螺丝刀俗称改锥或起子,主要用于旋拧小扭矩、头部开有凹槽的螺栓和螺钉,如图1-2-8所示。

想一想 你所见过或使用过的什么样的螺丝刀?

图1-2-8 螺丝刀

二、螺丝刀

1. 螺丝刀的类型

螺丝刀

螺丝刀的类型取决于本身的结构及尖部的形状,常用的有一字螺丝刀、十字螺丝刀。一字螺丝刀用于单个槽头的螺钉,十字螺丝刀用于带十字槽头的螺钉。

尖部形状相同的螺丝刀,尺寸也不完全一样。如梅花螺丝刀,在汽车维修中经常用到头部尺寸是2号的螺丝刀,但也有更大一点的3号和更小一点的1号,甚至还有更小的微型螺丝刀。

2. 螺丝刀的选用

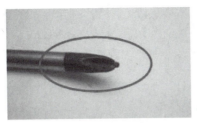 

　　选用螺丝刀时,应先保证螺丝刀头部的尺寸与螺钉的槽部形状完全配合,选用不当会严重损坏螺丝刀。选用时应先大后小,即先选择3号,如3号不合适,再依次选择2号、1号;如果螺丝刀的头部太厚,则不能落入螺钉槽内,否则易损坏螺钉槽;如果螺丝刀的头部太薄,使用时头部容易扭曲。

3. 螺丝刀的使用方法和注意事项

　　应右手握住螺丝刀,手心抵住柄端,螺丝刀与螺钉的轴心必须保持同轴,压紧后用手腕扭转。拆卸时螺钉松动后用手心轻压螺丝刀,并用拇指、食指、中指快速旋转手柄。

　　为保证螺丝刀和螺钉槽配合良好,要先清除螺钉槽里的油漆和脏物。如果螺丝刀或工件上有油污,也应擦净后再操作。如果使用较长的螺丝刀,左手应把持住它的前端,保持稳定,防止螺丝刀滑出螺钉的槽口。

　　拆卸活动部件,应把工件固定后再操作。严禁用手握件操作,一旦螺丝刀滑出,会把手凿伤。

活动五　电动工具及气动工具的选用

在汽车维修工作中,仅靠手工工具是不够的,会用到很多电动工具及气动工具。汽车维修中常见的电动工具及气动工具有手电钻、砂轮机、气动扳手、气动棘轮扳手等,如图1-2-9。

图1-2-9　电动和气动工具

1. 电动工具使用安全

在使用电动工具过程中,安全应放在第一位。稍一疏忽就可能因漏电造成触电乃至人身伤亡事故。

首先要确保电动工具使用的电线或插头完好无损,绝缘层无脱落,无金属丝外露。电动工具的外接线长度和直径应符合标准,否则会因为电压下降过大造成导线过热。

应确保工作环境干燥无积水,避免电动工具及其连接线与水接触。

要使用三相插头,并确保插座已连接好保护零线。在操作电动工具时最好穿橡胶底鞋。要使用电动工具开关来接通和断开电源,不能用插上或拔下电源插头的方式来代替开关,在工具通电之前要确保开关处于关闭状态。

要严格按照使用说明书和安全操作规程操作电动工具,定期进行安全检查。电动工具日常维护及安全检查项目:

① 导线是否损坏。
② 电源插头是否损坏。
③ 工具是否干净,工作时是否有异响。

想一想　你所见过或使用过的电动工具有哪些?有什么注意事项?

手电钻

2. 电钻

常见的电钻有台式钻床(简称台钻)和手电钻两种,主要用于金属钻孔工作。手电钻便于携带但加工精度不高;台式钻床易于控制,钻孔精度高,但移动困难。手电钻在汽车维修中使用更加广泛。

手电钻有手提式和手枪式两种,电钻内部由电动机和两级减速齿轮组成。手电钻有用外电源驱动和内置电池驱动两种形式,其最高转速和能使用的最大钻头都标在手电钻的铭牌上面。很多手电钻都设有2种转速,但有些手电钻转速在任意范围内可调。

提示　使用手电钻必须注意安全,操作时要戴上绝缘手套。

禁止戴普通手套,因为高速旋转的电钻可能会把手套拧到钻头中,造成人身伤害;使用时要用体力压紧,且用力不得过猛。发现电钻转速降低时,应立即减轻压力,否则会造成刃口退火或损坏手电钻;使用手电钻时,工件松动或手电钻把持不稳等因素都会造成钻头折断,所以,钻孔时要保持钻头与工件相对固定,并控制好走刀量;如在使用中电钻突然停止转动,应立即切断电源并检查原因。

活动六　其他通用工具的选用及使用

1. 滑脂枪

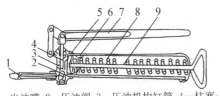

1—出油嘴;2—压油阀;3—压油机构缸筒;4—柱塞;
5—进油孔;6—活塞;7—杠杆;8—弹簧;9—活塞杆

滑脂枪俗称黄油枪,是用来加注润滑脂的工具。反复压动杠杆手柄,滑脂通过内部的压油阀,经出油嘴加注到需要润滑的部位。使用时,首先旋下枪筒,拉出后端拉杆,从前部将润滑脂装入枪筒内。向滑脂枪内装润滑脂时,应一小团一小团地装,油团相互之间要贴近,以避免空气混入黄油中。

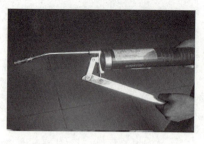 

提示 加满润滑脂后,拧上枪盖,拧松排气螺栓后,按下后端锁片,并将拉杆推到底,当排气螺栓内有润滑脂排出后,拧紧螺栓。

反复压动杠杆手柄,直至出油嘴能排出润滑脂,方可使用。使用时将出油嘴对准加油嘴,压动杠杆手柄,使润滑脂在压力的作用下进入润滑部位,直至新润滑脂将旧润滑脂挤出。

勿使用含有杂质、泥沙或其他杂物的润滑脂。过于黏稠以及搁置很久已干的黄油不宜使用。

2. 拔拉器

拔拉器

拔拉器也称为拉卸器或扒马,俗称扒子,主要用于汽车维修中静配合副和轴承部位的拆装,常见的拔拉器有两爪和三爪两种类型。拔拉器的结构由拉臂和中心螺杆组成,螺杆前端加工为锥形,后端有供扳手扳动的内六角。

提示 三爪拔拉器的3根拉臂互为120°错开,两爪拔拉器的两根拉臂与螺杆在同一平面内。

使用拔拉器拆卸不会破坏工件配合性质和工作表面,如拆卸曲轴皮带轮、齿轮等零件应选用三爪拔拉器,而拆卸轴承等零件最好使用两爪拔拉器。

3. 工具箱及工具车

工具使用完毕后一般要存放在工具箱或工具车中,特别是扳手、螺丝刀、钳子、锤子等易丢失的手工工具。常见的工具箱多为手提式,适合野外作业;工具车能保存更多的工具,并能更好地将工具分类存放,适用于维修车间。

常见的手提式工具箱有金属制和树脂制两类，材料不同，结构也有很大区别。树脂制工具箱不能盛放较重的工具，但重量轻，便于整理，工具是否缺少、是否损坏，一目了然。

金属制工具箱多采用抽屉式、托盘式或翻斗式，长期使用也很难损坏，但质量很大，放在车内时，容易损伤内饰。

工具车多数带有抽屉，工具车顶部设有工作台，操作时可在其工作台上临时放置工具，相当方便。

有些多用途工具车的作用不是保存工具，而是把大量工具、零件或材料从供料区运送到工作区。

提示　工具车顶部的工作台是临时放置工具用的，而不是供拆装零件使用的。

任务实施

火花塞的拆装

火花塞是点火系最末端的执行元件，其作用就是最后形成电火花，点燃混合气。因此，火花塞端面（露在燃烧室内的部分）长时间使用后的情况可以显示出火花塞的是否正常工作及燃油调整状况、混合气浓度、发动机状况。

1. 工具准备

扳手、长接杆和六角套筒。汽车上的火花塞一般是用16 mm的六角套筒拆卸的。

2. 拆卸步骤

步骤1：发动机冷却后方可拆卸　先清理点火线圈及其附近的灰尘和油污，然后拔下点火线圈的线束插头，用套筒拧下点火线圈的固定螺栓。

步骤2：拔出点火线圈

步骤3：取下点火线圈，用套筒把火花塞拧松　当旋松所要拆卸的火花塞后，用一根细软管逐一吹净火花塞周围的污物，以防火花塞旋出后污物落入燃烧室内。

步骤4：取出火花塞　用火花塞套筒逐一卸下各缸的火花塞。拆卸时火花塞套筒要确保套牢火花塞，否则，会损坏火花塞的绝缘磁体，引起漏电。为了稳妥，可一只手扶住火花塞套筒并轻压套筒，另一只手转动套筒，来卸下火花塞。卸下的火花塞应按顺序排好。

3. 安装步骤

步骤1：安装火花塞　为保证密封性，不能使火花塞槽内有异物。先将火花塞放到套筒里，然后使用扭力扳手紧固火花塞。不能拧得太紧，拧紧力矩为20 N·m，以免损坏密封垫片而影响导热性能。将火花塞对准缸盖上的火花塞座孔，用手轻轻拧入火花塞。拧到约螺纹全长的1/2后，再用套筒初步旋紧。

步骤2：安装点火线圈　按每个缸原来的位置对应安装。

提示　套筒及扭力扳手要对正火花塞，拧紧力矩不能过大，防止损坏火花塞及缸盖火花塞座孔的螺纹。若手感不畅，应退出检查是否对正螺口或螺纹中有无夹带杂质，切不可盲目加力紧固，以免损伤螺孔，殃及缸盖，特别是铝合金缸盖。

任务训练

一、选择题

(1) 下面关于工作安全的叙述,(　　)是错误的。
A. 操作气动扳手时必需配戴手套
B. 要使用电动工具开关来接通和断开电源,而不能采用插拔电源插头的方式
C. 使用扳手紧固或拧松螺栓时,应向里拉动扳手,尽量避免向外推
D. 使用气动工具紧固轮胎螺栓时,要使用最小功率挡紧固

(2) 在拧松螺栓的作业中,应首选(　　)工具。
A. 开口扳手　　　　　　　　B. 梅花扳手
C. 套筒扳手　　　　　　　　D. 活动扳手

(3) 下列(　　)选项是正确的。
A. 电动工具要使用三相插头,并确保插座已连接好保护零线
B. 当需要更大的力量时,可用一根管子将扳手的手柄延长
C. 使用两用扳手紧固螺栓时,先用开口端,然后再用梅花端
D. 使用活动扳手时,可向任何一个方向转动、用力

(4) 紧固或拆卸制动液压等管路时应选用(　　)工具。
A. 开口扳手　　　　　　　　B. 专用扳手
C. 套筒扳手　　　　　　　　D. 活动扳手

(5) 习题图1示范工具使用的图片中,(　　)操作是正确的。

A. 　B. 　C. 　D.

习题图1

二、判断题(对的打√,错的打×)

(1) 使用气动工具时,在没有风动套筒的情况下,可以使用普通套筒代替,但必须为六角。(　　)
(2) 在没有合适工具的情况下,可使用钳子代替扳手旋拧螺栓、螺母。(　　)
(3) 可以使用锤子锤击通心螺丝刀,振动螺钉,便于拆卸。(　　)
(4) 工具车顶部设有工作台,操作时可在其工作台上临时放置工具。(　　)
(5) 斜口钳也称为剪钳,可用于剪切较细的铁丝、钢丝等金属丝及车上的各类导线。(　　)

评价反馈

1. 通过本任务的学习,你能否做到以下几点:
(1) 能了解汽车常用维修工具使用的注意事项。
能□　　　　不确定□　　　　不能□

(2) 能掌握汽车常用工具的选用。
能□　　　　　　不确定□　　　　　　不能□
(3) 根据拆装的要求及特点选择合适的工具,制定合理的拆装方案。
能□　　　　　　不确定□　　　　　　不能□
2. 工作任务的完成情况:
(1) 能否正确运用工具,完成任务内容:_____
(2) 与他人合作完成的任务:_____
(3) 在教师指导下完成的任务:_____
3. 你对本次任务的建议:_____

任务3　汽车专用工具的使用

任务目标

□了解汽车维修中常见专用工具的名称及作用。
□熟悉汽车维修中常见专用工具的规格和工作原理。
□掌握汽车维修过程中常见专用工具的正确使用方法及注意事项。

建议学时　6

任务描述

专用工具是针对某些特殊零件或特殊部位的拆装而设计研发的,如活塞环压缩器、气门弹簧压缩钳、机油滤清器专用扳手、减振弹簧压缩器等。本任务主要学习发动机维修常见专用工具、底盘维修常见专用工具、电气维修常见专用工具的选用。

想一想　你见过或使用过的专用工具有哪些?具体是如何操作的?

学习过程

一、发动机维修常见专用工具

1. 活塞环装卸钳

活塞环装卸钳主要用于从活塞环槽中取出或装入活塞环。活塞环镶在活塞环槽内,取出或装入,必须克服活塞环的弹力,使活塞环内径大于活塞直径。

如果不使用活塞环装卸钳而直接手工拆卸,很容易由于用力不均把活塞环折断,所以拆卸活塞环时必须采用专用装卸钳。

活塞环装卸钳

使用活塞环装卸钳时,用环卡卡住活塞环开口间隙,轻握手柄慢慢收缩。在杠杆力的作用下,活塞环逐渐张开,当其略大于活塞直径时,便可将活塞环从环槽内装入或取出。

活塞环要与钳面紧贴,手柄要轻握;张开活塞环时,不可用力过猛,以防滑脱;张开开口不宜过大,以防折断。

2. 活塞环压缩器

要将活塞及活塞环装入汽缸,必须将活塞环包紧在活塞环槽内。因为活塞环本身弹性的作用,活塞环在自由状态下的外圆直径大于活塞直径及汽缸直径。

活塞环压缩工具一般用带有刚性的铁皮制成。活塞环压缩器的大小、型号有所不同,选用时要根据活塞的直径选择合适的压缩器。

有些4S店维修车型比较单一,在安装活塞时经常使用压环器。其形状为锥形管状体。将装好活塞环的活塞及连杆放入压环器内,锥形结构将使活塞环自动压入活塞内,活塞连杆组就能很容易地进入汽缸了。

3. 气门铰刀

气门铰刀

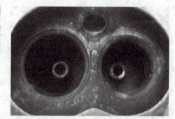

在配气机构中,气门与气门座密封不严,就需要铰削和研磨,必须选用汽车维修专用气门铰刀。

提示　如果气门导管磨损严重,铰削和研磨工艺应在导管修配后进行。

气门铰刀由导杆、手柄和不同角度的铰刀头组成。实际维修时应根据气门的直径和气门导管内径来选择铰刀和铰刀导杆。

根据作用不同,铰刀头可分为15°、30°、45°及75°等多种类型。

选择好导杆和铰刀头后组装。把导杆的下端置于气门导管内,起导向和定位作用。铰削气门座时,导杆要保持垂直,两手用力要均匀,转动要平稳,将气门工作面的烧蚀、斑点、凹陷等缺陷铰去。

提示 5°和75°铰刀主要用于修正工作面位置及接触面大小。接触面偏上时,用75°铰刀铰上口,使接触面下移;接触面偏下时,用15°铰刀铰下口,使接触面上移。

铰削结束后,应保证气门与气门座的接触面位于气门头部锥面的中下部,接触面宽度为:进气门 1~2 mm,排气门 1.5~2.5 mm。如果接触面位置和尺寸不符合要求,可使用45°或30°铰刀修铰。

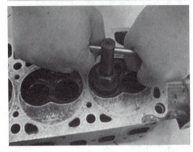

4. 气门弹簧钳

气门弹簧钳是专门用于拆装气门的专用工具。气门弹簧处于预压缩状态,要想拆卸气门或气门锁片,必须将气门弹簧压缩。

气门弹簧钳的结构形式很多,最常见类型如图所示。

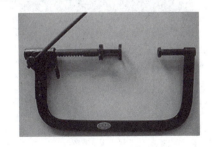

将凸台顶住气门头部,压头贴住气门弹簧座,然后下压手柄带动压头和气门弹簧下行,使锁片脱落在压头的凹槽内。

使用磁棒取出气门锁片后,解除压头的锁止装置,轻轻回位下压手柄,使气门弹簧压力释放,这样就可以轻松地取下气门弹簧及气门了。

5. 机油滤清器扳手

常见的一次性机油滤清器直径都在 8 cm 以上,顶部被冲压成多棱面(就像一个大螺母),拆装须使用专用机油滤清器扳手。

常见的机油滤清器扳手类型很多,结构各异,但作用相同,使用操作方法也基本相似。

(1) 杯式滤清器扳手　类似大型套筒。拆卸不同车型的滤清器需要不同尺寸的扳手,在购买时多为组套形式配装。

使用时将杯式滤清器扳手套在机油滤清器顶部的多棱面上。使用方法同套筒扳手。

项目一 认识与使用汽车维修工量具

(2) 钳式滤清器扳手 这种滤清器扳手可以说是钳子的改型,使用方法同鲤鱼钳。

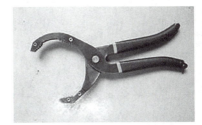

机油滤清器扳手

(3) 环形滤清器扳手 结构为一个可调大小的环形,环形内侧设计为锯齿状。使用时将其套在滤清器顶部的棱面上,扳动手柄,环形会根据滤清器大小合适地卡在棱面上,顺利地完成拆装工作。

(4) 三爪式滤清器扳手 须配套套筒手柄或扳手使用。其内部设计有行星排传递机构,可根据机油滤清器大小自动调节三爪的大小。

在没有专用滤清器扳手的情况下,还可使用链条扳手替代专用扳手。

提示 安装滤清器时,必须检查并清洁机油滤清器安装面。还应在密封圈的表面涂上一层机油,以保证密封可靠,并可防止损伤密封圈。

6. 压力测试器

多数发动机均采用封闭式冷却系统,水温升高,会使系统内压力升高。如对系统进行检漏,须加压,加压工具为专用压力测试器。下面以世达工具中的冷却系统压力测试器为例介绍其使用方法。

测试前,拆下散热器盖,将测试仪固定夹安装在冷却液加注口上。如固定夹位置不合适,必须调节至合适位置。

提示 检测前应检查冷却液液位,不满时应将其注满。压力测试时,勿起动发动机。

1-29

为确保安装紧密和密封良好,应保证气囊的 2/3 位于散热器盖水箱管径的下翼凸缘以下。

提示 不可能总将气囊调整至所要位置。在使用中,充气的气囊依靠其可变形特性进行密封。

顺时针拧紧压力泄放螺栓后,将滑阀移至"BLADDER"。

反复推动真空泵手柄向气囊充气,直至压力达到 25 psi(172.375 kPa),使气囊密封住冷却系统加注口。

提示 气囊压力决不可超过 25 psi 压力。

推动滑移阀手柄至加压端(SYSTEM)。再一次反复推动真空泵手柄,向冷却系统施加压力。在加压的同时,注意倾听冷却系统加注口有无漏气声,如有泄漏,排除后再继续加压。

当压力表指示数值达到规定压力时,应停止加压。观察检漏仪压力表上数值的变化。在 5 min 内没有变化,说明系统没有泄漏;如下降过快,证明冷却系统存在严重泄漏。不同发动机的冷却系统检测时的压力不同,应参照相关资料。

逆时针旋松压力排放螺栓,通过排放软管释放压力,直至压力表读数变为 0。

提示 在压力表读数变为 0 之前,不可进行下一步操作。

将滑移阀移至气囊"BLADDER"位置,将气囊内空气排空。

松开固定夹并拆下分析仪。

此检测仪还可检测散热器盖蒸汽阀。检测时须配合附件一起使用,组合形式如图所示。

7. 火花塞套筒

火花塞套筒专用于火花塞的拆卸及更换,可视为长套筒的变形。采用了薄壁结构以避免与其他部分干涉。现在的车型主要使用 16 mm 型号,旧车型也有采用 21 mm 型号的。

套筒内部装有磁铁或橡胶圈。因为大多数火花塞都是朝下布置的,必须从火花塞孔深处朝上取出,所以采用橡胶圈或磁铁来防止火花塞掉落。

提示 火花塞保持在套筒中时,也要小心操作,防止其坠落损坏电极。

装复火花塞时,为了确保火花塞能正常地装入缸盖中,首先要用手仔细地旋转套筒,火花塞螺纹带入后,再用配套手柄将其紧固。

提示 火花塞紧固力矩要参考车辆维修手册,一般在 180～200 kgf·cm 范围内。

火花塞

二、底盘维修常见专用工具

1. 减振器弹簧压缩器

在装配减振器时,向减振弹簧施加了很大的压缩力。要更换减振阻尼器,必须拆卸减振器弹簧,则必须使用专用工具压缩弹簧。

减振器弹簧压缩器的两根长杆上加工有螺纹,在螺纹杆上设计有爪形钩。

使用时,将减振器弹簧压缩器对置于螺旋弹簧的两端,爪形钩固定于弹簧上。

提示 保证两螺纹杆间隔180°对置。

爪形钩固定好后,使用扳手转动螺纹杆,使两爪形钩之间的距离变短,就可以将螺旋弹簧压缩。

提示 在压缩螺旋弹簧时,一定要保证2根螺旋杆的压缩程度相同,防止滑脱造成安全事故。

一定要保证爪形勾牢牢的固定住弹簧,如果爪形弹簧在操作中弹开,将会造成严重后果,甚至对操作者的生命安全构成威胁。

2. 球头分离器

有些球头在车上使用时间过长,已经锈死,很难拆卸。球头分离器是使球头分离的专用工具。

根据球头的位置不同,设计的球头分离器的结构也不相同。

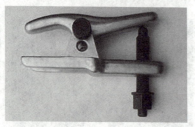

横拉杆球头拉拔器在空间限制时可直接轻易拆除横拉杆球头,适用于大多数轿车及轻型货车的横拉杆球头的拆卸。

项目一 认识与使用汽车维修工量具

使用时,将下端开口插入转向节与横拉杆之间,使用扳手旋动后端螺栓顶动压臂,使压臂将球头压下。

三、电气维修常见专用工具

1. 密度计

在汽车维修中经常要检测各种液体的密度,如电解液密度、冷却液及喷洗液密度等,可通过密度情况了解蓄电池的充电情况及冷却液的凝固点。

提示 电解液密度在 $1.25\sim1.28\text{g/cm}^3$ 之间,随环境温度及蓄电池放电量的变化而变化。

测量电解液比重时,取少许电解液涂于比重计观测口上。

提示 注意不要将电解液滴在身上、衣服上,因为电解液为稀硫酸溶液,有很强的腐蚀性。

密度计

眼睛直接观测比重计,在观测口中将显示电解液密度。

提示 观测口中有明显的蓝白分界线,下部为蓝色,上部为白色,分界线对应的刻度即为测量液体的密度。

密度计使用完毕后必须清洁干净,保存于干净的容器内。

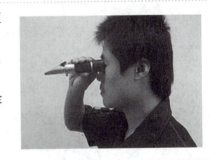

10. 剥线钳

提示 禁止使用尖嘴钳代替剥线钳,因为很容易造成导线内金属丝的损坏。

剥线钳的种类很多,其结构也相差甚远,但使用要求却一样。应根据导线的粗细型号选择相应的剥线刀口。

将准备好的导线放在剥线工具的刀刃中间,选择好要剥线的长度。

剥线钳

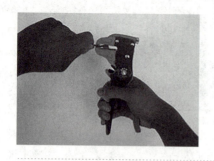

握住剥线工具手柄,将导线夹住,缓缓用力使导线外表皮慢慢剥落。

提示 一定要选择合适的刀口。如果导线过粗,而刀口小,会损坏内部的金属导体;如果导线过细,而刀口大,则无法把绝缘层剥离。

任务实施

活塞环的拆卸

1. 准备工具

活塞环装卸钳、抹布。活塞环的结构如图 1-3-1 所示。

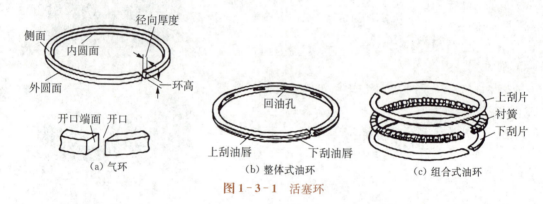

图 1-3-1 活塞环

2. 拆卸步骤

步骤 1:拆卸第一道气环 使用活塞环装卸钳不能用力过大,活塞环材质较脆,以免折断活塞环。

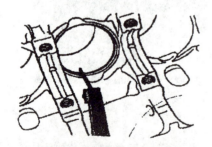

图 1-3-2 检查开口间隙

步骤 2:拆卸第二道气环 使用活塞环装卸钳不能用力过大,拆卸下来的活塞环作好标记,以免弄混,以"TOP"(向上)标记朝向活塞顶部。

步骤 3:拆卸油环上、下刮片 用手拆卸,用力要轻,以免活塞环变形

步骤 4:检查开口间隙 如图 1-3-2 所示,将活塞环沿汽缸垂直向下推至离汽缸顶约 15 mm 处。

步骤 5:查侧向间隙 检查前,清洗活塞环槽。

任务训练

一、选择题

(1) 习题图 1 中的工具为( ),主要作用是( )。

A. 活塞环拆装钳,将活塞装入汽缸

B. 活塞环压缩器,从活塞上拆装活塞环

习题图 1

C. 活塞环拆装钳,从活塞上拆装活塞环
D. 活塞环压缩器,将活塞装入汽缸

(2) 要使气门座的接触面下移,应使用(　　)铰刀;而要使接触面上移,则应使用(　　)铰刀。

A. 15°　　　　B. 30°　　　　C. 45°　　　　D. 75°

(3) 对冷却系统检漏,须加压,选用的工具为(　　)。

A. 打气筒　　　　　　　　　　B. 冷却系统压力测试器
C. 空气压缩机　　　　　　　　D. 真空泵

(4) 习题图 2 中(　　)工具不可用于机油滤清器的拆卸。

A. 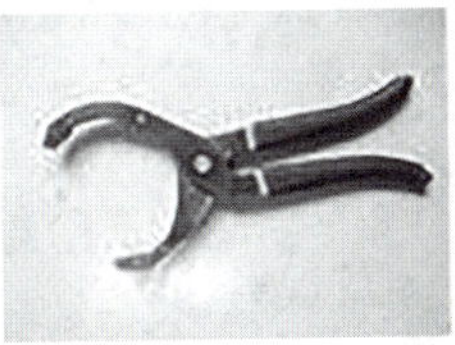　　　　　　　　　　　B.

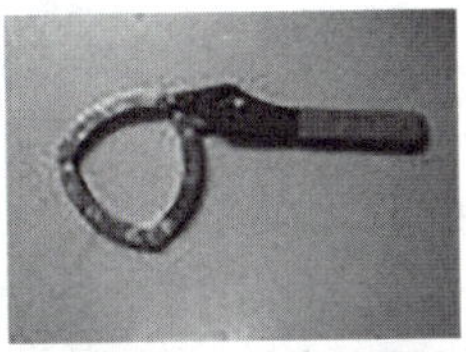

C. 　　　　　　　　　　　D.

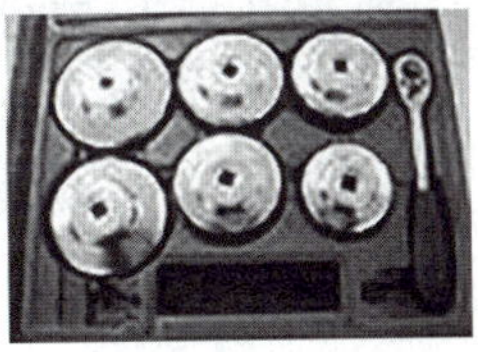

习题图 2

(5) 习题图 3 中的工具为(　　)。

A. 减振器弹簧压缩器
B. 拉马
C. 球头拉拔器
D. 碟刹调整器

习题图 3

二、判断题

(1) 装复火花塞时,可用火花塞扳手及配套手柄直接将其紧固。　　　　(　　)
(2) 球头分离器是分离锈死球头最直接、最快捷的专用工具。　　　　　(　　)
(3) 为了方便起见,可使用尖嘴钳代替剥线钳去除导线绝缘层。　　　　(　　)
(4) 光学密度计只可以测量蓄电池电解液密度。　　　　　　　　　　　(　　)
(5) 拆卸气门或气门锁片时,必须使用气门弹簧钳压缩气门弹簧。　　　(　　)

评价反馈

1. 通过本任务的学习,你能否做到以下几点:
(1) 能了解汽车专用工具使用的过程。
能□　　　　不确定□　　　　不能□
(2) 能掌握汽车专用工具及其使用方法。
能□　　　　不确定□　　　　不能□
(3) 根据拆装的要求及特点选择合适的工具,制定合理的测量方案。
能□　　　　不确定□　　　　不能□

2. 工作任务的完成情况：
(1) 能否正确运用测量工具,完成任务内容：_____
(2) 与他人合作完成的任务：_____
(3) 在教师指导下完成的任务：_____
3. 你对本次任务的建议：_____

任务4　发动机汽缸盖拆装实例

任务目标

□了解正确拆装汽缸盖螺栓的重要性和必要性;会分析一般测量误差。
□掌握扭力扳手、转角扳手、套筒等汽车维修通用工具的正确选用。
□掌握汽缸盖螺栓拆卸的技术标准,并能按技术标准熟练拆装汽缸盖螺栓。
□能判断汽缸盖螺栓损坏并分析原因。

建议学时　2

任务描述

本任务要求选择合适的工具拆解汽缸盖,如图1-4-1所示。

想一想　汽车上有哪些专用工具?如何利用所学过的工具拆解汽缸盖?

发动机气缸盖的拆装

学习过程

一、作业准备

图1-4-2　学生准备

图1-4-1　汽缸盖

1. 学生准备

(1) 每位学生站在指定的工位上　学生站位如图1-4-2所示。

(2) 学生着装规范　拉链拉好,袖口扣好,衣领整齐,不佩戴任何首饰。以跨列姿势站在工作台边约50 cm位置,面向前方。

提示　贯彻5S管理要求,保证学生良好的精神面貌,确保操作安全,并提高工作效率。

2. 器材准备

器材准备如图1-4-3所示:

(1) 把工具放置在工作台的工、量具架内。清洁毛巾放置在工作台零件架的右边。

(2) 将汽缸盖螺栓训练模块安装到多功能工作台上,并检查是否有缺损。

图 1-4-3 器材准备

提示
(1) 工具必须按要求摆放整齐,检查工具是否齐全,如有缺少及时向老师报告。
(2) 汽缸盖螺栓训练模块的底部通过螺栓固定在工作台的钢槽上。

二、清洁检查
(1) 工作台清洁　工作台要全面清洁。
(2) 清洁各个工具　确保毛巾干净,每个工具清洁都要全面到位。清洁过程中工具要轻拿轻放。
(3) 清洁汽缸盖螺栓训练模块　如图 1-4-4 所示。
(4) 检查各个工具　重点检查指针式扭力扳手指针是否对零,预置式扭力扳手锁紧装置是否完好,棘轮扳手和转角扳手是否有缺损。如有问题,应及时向老师报告。

三、汽缸盖螺栓拧松
(1) 用手先将短接杆与专用套筒连接,再与指针式扭力扳手连接。
① 旋松时,要左手握扭力扳手的手柄,右手按在扳手头部,左手手臂与扭力扳手成 90°角,往身体方向拉扳,如图 1-4-5 所示。
② 要保证接杆、套筒垂直并完全套住螺栓,不应倾斜而滑脱。

图 1-4-4 清洁汽缸盖螺栓训练模块　　图 1-4-5 扭力扳手

(2) 用指针式扭力扳手旋松汽缸盖螺栓
提示　采用棘轮扳手能快速拆下螺栓。
(3) 放回扭力扳手　汽缸盖螺栓旋松后,把指针式扭力扳手与短接杆分开,把指针式扭力扳手放回工作台的工量具架内。

图1-4-6 棘轮扳手

(4) 组装棘轮扳手　拿取棘轮扳手,如图1-4-6所示。

① 将短接杆跟专用套筒连接,再与棘轮扳手连接,将棘轮扳手锁紧机构调整到拧松位置。

② 右手摇动棘轮扳手的手柄,左手压住套筒与扳手的连接处,旋松汽缸盖螺栓,直到螺栓完全松脱为止。

(5) 取下螺栓垫片　如图1-4-7所示。

① 分开套筒、接杆和棘轮扳手,并将其放回工作台的工量具架内。用手旋下螺栓与垫片。

② 将汽缸盖螺栓以及垫片按照次序取出,置于工作台上。

 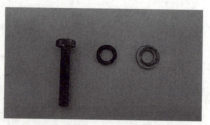

图1-4-7 垫片取放

提示

(1) 手上不允许拿工具。

(2) 要求拆下的零件按次序整齐摆放,养成规范操作的习惯。

四、安装汽缸盖螺栓

1. 清洁螺栓安装孔

零件安装之前必须先清洁安装部位,如图1-4-8所示。

2. 加注机油

(1) 在螺栓安装之前,加一点机油起到润滑保护作用,如图1-4-9所示。

图1-4-8 清洁螺栓安装孔　　图1-4-9 对螺栓孔加注机油

提示　机油只需一两滴即可。

(2) 用机油枪在汽缸盖螺栓的螺纹和螺栓头上滴上机油。

(3) 用手将机油均匀地涂抹在汽缸盖螺栓的螺纹和螺栓头位置,如图1-4-10所示。

3. 安装螺栓

(1) 在汽缸盖螺栓上装上弹簧垫片和平垫片,便于螺栓的紧固,如图1-4-11所示。

提示 发动机大修时,汽缸盖垫片和螺栓都应换新品。

图1-4-10 涂抹机油　　　　图1-4-11 安装弹簧垫片和平垫片

(2) 将汽缸盖螺栓安装到位,保证垂直安装,不要倾斜,否则容易使螺栓在安装时损坏,如图1-4-12所示。

(3) 用17 mm套筒与接杆连接后,将汽缸盖螺栓初步旋紧,如图1-4-13所示。

图1-4-12 放置螺栓　　　　图1-4-13 初步旋紧

提示 不同型号的棘轮扳手的组装方式各有不同。

(4) 将棘轮扳手锁紧机构调整到拧紧位置如图1-4-14所示。右手摇动棘轮扳手的手柄,左手压住套筒与扳手的连接处,用棘轮扳手拧紧汽缸盖螺栓。

提示
(1) 拆卸与安装手势一样,只需调整锁紧机构即可。
(2) 不允许把棘轮扳手旋转360°,一般在30°范围内摆动即可。

(5) 将棘轮扳手与套筒、接杆分开,并把棘轮扳手放回工具架内。

五、分两次拧紧汽缸盖螺栓

1. 第一次拧紧

(1) 双手拿取预置式扭力扳手,左手拿住扳手的左端,右手拿住右端。不可单手握在扭力扳手的杆身取出。

(2) 右手握住柄部,左手顺时针转过一个角度,打开锁止,即转至标明"UNLOCK"的位置,如图1-4-15所示。

图1-4-14 拧紧螺栓　　　　图1-4-15 打开锁止

(3) 用右手握在扳手的柄部位置,左手握住扳手的头部,右手转动手柄,把扭力调整到 15 N·m,如图 1-4-16 所示。

提示　0 刻度线对准 15 下标记线位置。

图 1-4-16　调节扭矩

(4) 锁止扭力扳手。右手握在柄部,用左手逆时针转过一个角度锁止,即转至标明 "LOCK" 的位置,如图 1-4-17 所示。

(5) 选用 17 mm 套筒、短接杆与预置式扭力扳手并组装。

(6) 调节预置式扭力扳手棘轮机构至拧紧状态。左手握住扭力扳手手柄位置,右手握住套筒与扭力扳手连接处,用拇指把调节棘轮机构逆时针转过一定角度,使棘轮机构处于拧紧状态,如图 1-4-18 所示。

图 1-4-17　锁定扭矩　　　　图 1-4-18　拧紧状态

(7) 右手握住扭力扳手的手柄,左手按压在扭力扳手调节棘轮机构位置,右手手臂与扭力扳手成 90°角,顺时针方向往身边拉扳一定角度。当听到"咔嗒"声时,表明已拧紧到设定的力矩,即汽缸盖螺栓第一次被拧紧到 15 N·m。此时应立即停止用力。

提示

(1) 转动角度:最好一次拧到所需力矩,不能超过 120°。

(2) 切勿在达到预置扭力后继续用力。如果继续用力,除了会对扳手造成严重损害外,还会使扭力大大超出预设值,损坏螺母。

(3) 听到"咔嗒"声后,右手逆时针方向回一定的角度。

2. 第二次拧紧

(1) 右手握在柄部,用左手顺时针转过一个角度,打开锁止,即转至标明 "UNLOCK" 的位置。

(2) 调整扭力扳手到规定力矩 29 N·m。

(3) 右手握在扭力扳手手柄部位,左手逆时针转过一个角度进行锁止,即转至标明 "LOCK" 的位置。

(4) 将汽缸盖螺栓第二次拧紧至 29 N·m(方法同前)。

(5) 将 17 mm 套筒、短接杆与预置式扭力扳手分离,放回工作台工量具架上。

六、转动汽缸盖

1. 采用转角扳手

(1) 旋动固定螺母,把转角扳手的定位杆与转角扳手的转盘固定,如图 1-4-19 所示。

图 1-4-19 转角扳手

(2) 用手先将 17 mm 套筒与转角扳手连接,再与指针式扭力扳手连接。
(3) 套筒套住汽缸盖螺栓,调整定位杆的位置,使定位杆的前端完全插入定位孔中。
(4) 将指针式扭力扳手与转角扳手连接,顺时针转过 90°。
(5) 再次用指针式扭力扳手顺时针转动螺栓 90°,使转盘指针指向 180°。

提示
(1) 转动时要看着转角扳手指针的偏转角度,转过的角度要到位,即转角扳手的转盘指针指向 90°。
(2) 不允许将螺栓一次拧紧 180°。

2. 采用点漆的方法

(1) 先将短接杆与专用套筒连接,再与指针式扭力扳手连接。
(2) 用红色油漆在汽缸盖螺栓上做好标记,如图 1-4-20。
(3) 用指针式扭力扳手顺时针转动螺栓 90°。

提示 应将油漆涂在合适位置。一般为了操作方便,将油漆涂在"三点钟"的位置。而且,不宜涂过多油漆,防止拧紧后分辨不清螺栓转过的角度。

(4) 检查油漆标记是否到位。
(5) 再用指针式扭力扳手顺时针转动螺栓 90°。
(6) 检查油漆标记是否到位。
(7) 用干净的抹布将油漆标记擦去。
(8) 检查油漆标记是否擦干净。

七、汽缸盖螺栓破坏性试验

(1) 在拧紧的汽缸盖螺栓上再施加 30~50 N·m 的力矩。
(2) 拆开汽缸盖螺栓训练模块。
(3) 拿出里面的螺母和螺栓。
(4) 观察在大扭力的情况下汽缸盖螺栓的损坏情况。
(5) 与正常的汽缸盖螺栓比较,如图 1-4-21 所示分析原因。

提示 汽缸盖螺栓训练模块用内六角螺栓固定,选用内六角扳手拆卸。

图 1-4-20 点漆法

图 1-4-21 汽缸盖螺栓破坏性试验

八、清洁整理

图 1-4-22 工具清洁调零

(1) 使用完工具,应将工具分解。
(2) 分解完毕后,应用干净的抹布清洁各个工具(特别是扭力扳手的头部、手柄处等)。
(3) 用手将预调式扭力扳手调整至零位,清洁后将其放回原处。
(4) 将清洁完毕后的工具放置到工作台规定位置。

提示　预调式扭力扳手调整至零位,使最小扭力 10 的下标记线与 0 刻度线对齐,如图 1-4-22 所示。

● **任务实施**

汽缸盖拆卸

气门组拆装

按照发动机每一汽缸内的工作循环或发火次序的要求,定时开启和关闭各汽缸的进、排气门,使新鲜可燃混合气(汽油机)或空气(柴油机)及时进入汽缸,废气及时排出。气门组包括气门、气门导管、气门座、弹簧座、气门弹簧、锁片等零件。

工具准备:气门组拆装工具,选择合适大小的气门组拆装接头和接杆,如图 1-4-23 所示。

1. 气门组的拆卸

步骤 1:将气缸盖总成平放在工作台上。
步骤 2:取出各缸的液压挺柱。
提示　拆卸时给液压挺柱做上标记,不可互换。
步骤 3:用气门弹簧拆装钳压下气门弹簧座,取出气门锁片和气门弹簧。
步骤 4:取出各缸的进、排气门。
提示　拆卸时将气门必须做上标记,气门不可互换。
步骤 5:用气门油封钳取出气门油封。

2. 气门组的安装

步骤 1:将气门油封涂上油,用专用工具安装气门油封。
提示　检查气门油封规格是否符合要求。
步骤 2:在气门杆上涂上油,装入气门。

提示 检查气门是否符合规格要求。区分进排气门,不要装错。

步骤3:装入气门弹簧。

提示 安装前检查气门弹簧高度是否符合要求。应检查气门弹簧是否有变形、裂纹和折断等损坏情况。

步骤4:安装弹簧锁片,装入上气门弹簧座;专用工具将上气门弹簧座压下。

提示 安装前应检查上气门弹簧座、锁片是否有磨损、变形、裂纹等损坏情况。

步骤5:装入气门锁片,安装方法如图1-4-24所示。

图1-4-23 气门组拆装接头和接杆

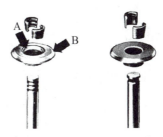
图1-4-24 装入气门锁片

汽缸盖安装

步骤6:装液压挺柱。

提示 液压挺柱涂抹机油,液压挺柱不可互换。

汽缸盖检查

任务检测

1. 观看汽缸盖拆装视频,画出汽缸盖螺栓拆卸顺序和安装顺序。
2. 学习棘轮扳手的使用方法,尤其是切换棘轮扳手的锁紧与松开方向。

评价反馈

1. 通过本任务的学习,你能否做到以下几点:

(1) 能够正确使用棘轮扳手。

能□ 不确定□ 不能□

(2) 能够正确预置式扭力扳手。

能□ 不确定□ 不能□

(3) 能否掌握气缸盖的拆卸方法。

能□ 不确定□ 不能□

2. 工作任务的完成情况:

(1) 能否正确运用测量工具,完成任务内容:_____

(2) 与他人合作完成的任务:_____

(3) 在教师指导下完成的任务:_____

3. 你对本次任务的建议:_____

项目二

【 汽车机械基础 】

汽车机械结构与材料认识

　　汽车是机械设备中的典型代表。汽车机械的作用是减轻人类的体力,提高劳动效率,为人们的工作生活提供便利。汽车机械结构与材料是汽车机械专业的重要学习内容。将机械基础的知识与汽车相关部件结构结合起来,能够加快对知识的掌握程度。

学习目标

1. 能正确描述常用机构的组成和运动特征,了解其应用。
2. 能根据任务要求,列出所需工具及材料清单,合理制定工作计划。
3. 能说出汽车发动机、底盘、车身总成的机械结构。
4. 能鉴别汽车常用材料并分析其属性。
5. 能正确使用常用工具,进行基本检测、拆卸、装配操作。
6. 能按照作业规程,在任务完成后清理现场。

建议学时　24 学时

任务1　汽车机械结构认知

任务目标

☐ 能描述汽车基本的组成及功用。
☐ 能识别运动副类型,描述其特点,说出运动副在汽车中的应用。
☐ 能描述发动机总成中包含的机械结构。
☐ 会识别典型轿车底盘总成中包含的机械结构。
☐ 会识别典型轿车车身总成中包含的机械结构。

建议学时　6

轿车车身组成

任务描述

汽车由许多机构和系统组成,包括发动机、底盘、车身、电气设备等4个基本部分组成。每个组成部分起到不同的功用,完成能量转换,实现工作循环,保证长时间连续正常工作,如图2-1-1所示。

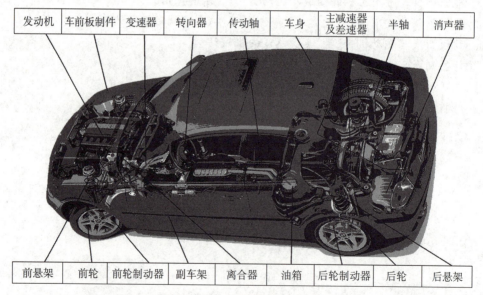

图2-1-1　典型轿车总体结构

想一想　你所了解的汽车部件有哪些?每个部分的组成功用是怎样的?

学习过程

一、汽车基本组成部分及功用

汽车由发动机、底盘、车身、电气设备等4个基本部分组成。

(1) 发动机　使供入其中的燃料(汽油或柴油)燃烧,并将产生的热能转化为机械能,为汽车行走及其他装置的工作提供动力。

(2) 底盘　支撑、安装汽车发动机及其各部件、总成,形成汽车的整体造型,并接受发动机的动力,使汽车运动,保证正常行驶。

(3) 车身　应具有隔音、隔振、保温等功能,制造工艺性及密封性要好,应能为成员提供安全而舒适的乘坐环境。其外形应能保证汽车在高速行驶时空气阻力较小,且造型美观,并能反映当代车身造型的发展趋势。

(4) 电气设备　主要用于控制汽车的启动、点火、照明与信号系统、仪表及指示灯系统、电动辅助系统,如车窗、电动座椅、电动后视镜等。

二、运动副的分类及特点

运动副是两构件直接接触并能产生相对运动的活动连接。两个构件上参与接触而构成运动副的点、线、面等元素称为运动副元素。常见运动副见表2-1-1。运动副有多种分类方法:

常见的运动副

表2-1-1　常见的运动副

名称	图形	简图符号	副级	自由度	名称	图形	简图符号	副级	自由度
球面高副			Ⅰ	5	圆柱套筒副			Ⅳ	2
柱面高副			Ⅱ	4	转动副			Ⅴ	1
球面低副			Ⅲ	3	移动副			Ⅴ	1
球销副			Ⅳ	2	螺旋副			Ⅴ	1

(1) 按照运动副的接触形式分类　面和面接触的运动副在接触部分的压强较低,称为低副;而点或线接触的运动副称为高副。高副比低副容易磨损。低副一般有转动副、移动

副、螺旋副等；高副如车轮与钢轨、凸轮与从动件、齿轮传动等。

（2）按照相对运动的形式分类　构成运动副的两个构件之间的相对运动若是平面运动则为平面运动副，若为空间运动则称为空间运动副，两个构件之间只做相对转动的运动副称为转动副，两个构件之间只做相对移动的运动副称为移动副。

（3）按照运动副引入的约束分类　引入一个约束的运动副称为一级副，引入两个约束的运动副称为二级副，还有三级、四级、五级副等。

（4）按照接触部分的几何形状分类　可以分为圆柱副、平面与平面副、球面副、螺旋副等。

三、发动机总成结构分析

发动机总成结构如图 2-1-2 所示。

1. 曲柄连杆机构

曲柄连杆机构

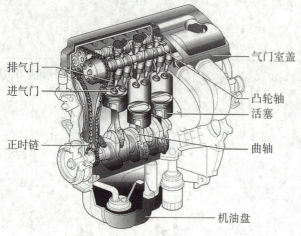

图 2-1-2　发动机总成结构图

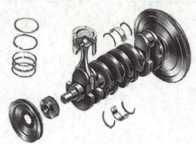

图 2-1-3　曲柄连杆机构

（1）主要部件　如图 2-1-3 所示，包括气缸体、曲轴箱、活塞、连杆、曲轴、飞轮等。

（2）功用　将燃料燃烧时产生的热量转变为活塞往复运动的机械能，再通过连杆将活塞的往复运动变为曲轴的旋转运动而对外输出动力。

2. 配气机构

配气机构

（1）主要部件　如图 2-1-4 所示，包括进气门、排气门、气门弹簧、挺柱、推杆、摇臂、凸轮轴、凸轮轴正时齿轮等。

（2）功用　定时开、闭气门，使可燃混合气或空气及时充入汽缸井，及时从汽缸排出废气。

3. 燃料供给系

（1）主要部件（汽油）　如图 2-1-5 所示，由空气滤清器、油箱、燃油泵、燃油滤清器、压力调节器、喷油器等组成。

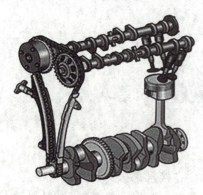

图 2-1-4　配气机构图

(2) 主要部件(柴油) 由空气滤清器、油箱、输油泵、喷油泵、喷油器等组成。

(3) 功用 按照发动机要求,定时、定量供给所需要的燃料,并将燃烧后的废气排出汽缸。

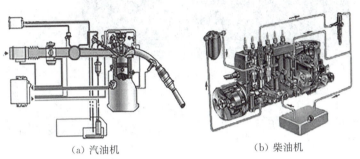

(a) 汽油机　　　　　(b) 柴油机

图 2-1-5　燃料供给系

汽油机燃料供给系

柴油机燃料供给系

4. 点火系

(1) 主要部件 如图 2-1-6 所示,包括蓄电池、点火开关、点火线圈组件、传感器、电控装置、火花塞等。

(2) 功用 按规定的时刻,准时点燃汽油机汽缸内的可燃混合气。

5. 润滑系

(1) 主要部件 如图 2-1-7 所示,包括油底壳、机油泵、机由滤清器、机油压力表、机油道等。

(2) 功用 润滑、减磨、延长零部件使用寿命,同时具有密封、清洁、冷却的作用。

点火系

润滑系

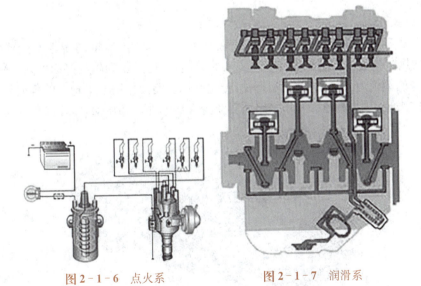

图 2-1-6　点火系　　　　图 2-1-7　润滑系

四、底盘总成结构分析

如图 2-1-8 所示,汽车底盘主要由传动系、行驶系、转向系和制动系组成。

底盘构造

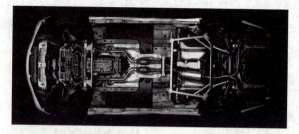

图 2-1-8 底盘总成结构

1. 传动系

（1）主要部件　如图 2-1-9 所示,主要由离合器、变速器、万向节、传动轴和驱动桥等组成。

（2）功用　降低发动机输出的转速,增大发动机输出的转矩;根据交通情况、道路情况和汽车的装载质量改变汽车行驶的速度;在某些情况下,使汽车倒向行驶;在汽车起动前、变速和制动前中断传动系的动力传递;当汽车转弯时,使两侧驱动轮差速行驶。

传动系统布置形式

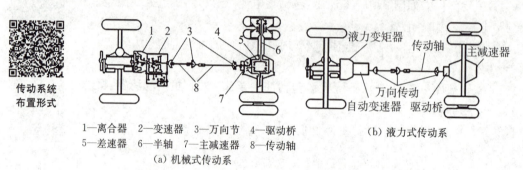

1—离合器　2—变速器　3—万向节　4—驱动桥
5—差速器　6—半轴　7—主减速器　8—传动轴
(a) 机械式传动系　　　　　(b) 液力式传动系

图 2-1-9 传动系

2. 行驶系

（1）主要部件　如图 2-1-10 所示,行驶系主要是由车架、车桥、悬架和车轮等部分组成。

（2）功用　接受由发动机经传动系传来的转矩,并通过驱动轮与路面的附着作用,产生路面对汽车的牵引力,保证汽车正常行驶;传递并承受路面作用于车轮上的各向反作用力及其所形成的力矩;尽可能地缓和不平路面对车身造成的冲击和振动,保证汽车行驶平顺。

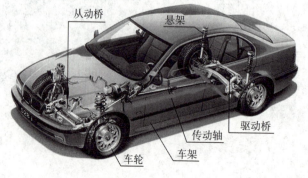

图 2-1-10 行驶系

3. 转向系

(1) 主要部件　如图 2-1-11 所示,主要由转向盘、转向器、转向节、转向节臂、横拉杆、直拉杆等组成。

(2) 功用　汽车在行驶过程中需要经常改变行驶方向(也就是转向);在汽车直线行驶时,由于车轮受到路面侧向干扰力的作用,会偏离行驶方向。这样,需要通过转向系不断地修正偏离的方向,以保持正确的行驶方向。

纯电动汽车电动助力转向系统组成

液压助力转向系统组成

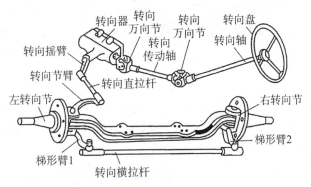

图 2-1-11　转向系

4. 制动系

(1) 主要部件　如图 2-1-12 所示,主要是由制动操纵机构和制动器两部分组成。

(2) 功用　尽可能提高汽车行驶速度,是提高运输生产效率的主要技术措施之一,但这必须是以保证汽车行驶安全为前提,必要时能及时制动和减速。

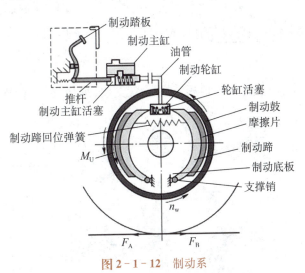

图 2-1-12　制动系

液制动系

五、车身总成结构分析

车身总成结构如图 2-1-13 所示。

(1) 车身前部结构　如图 2-1-14 所示,主要由车前板制件、发动机盖、翼

车身结构

子板和前纵梁组成。

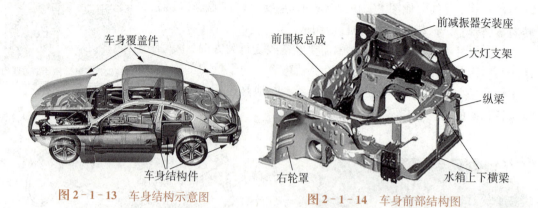

图 2-1-13 车身结构示意图　　图 2-1-14 车身前部结构图

（2）车身前围结构　是分割车身前部与座舱的结构总成，如图 2-1-15 所示，一般由前围上盖板、前围板、前围侧板和转向柱支架梁等构件组成。

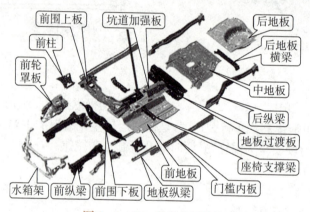

图 2-1-15 车身前围结构

（3）车身地板结构　主要包括地板、地板梁、支架、地板通道、门槛、连接板、座椅支架等，如图 2-1-16 所示。

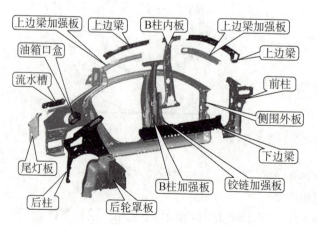

图 2-1-16 车身地板、侧围结构

(4)车身侧围结构 如图2-1-16所示,主要由侧围梁框架、车门、后翼子板和后轮罩等构件组成。

(5)车身顶盖结构 如图2-1-17所示,顶盖位于客舱的顶部,是由骨架、板件、内饰及有关车身附件等组成的零部件的总称。

(6)车身后部结构 如图2-1-18所示,三厢式车身后部结构主要由后窗台板、后围上盖板、后挡板、行李舱盖、后围板加强板、行李舱盖支撑框架及各种连接板和加强板组成;两厢式车身的后部结构主要由背门和门框组成。

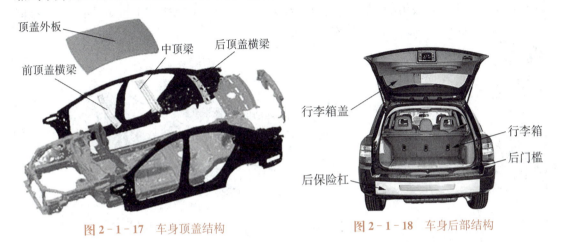

图2-1-17 车身顶盖结构　　图2-1-18 车身后部结构

任务实施

一、分析曲柄连杆机构的运动副

曲柄连杆机构的功用是将活塞的往复运动转变为曲轴的旋转运动,同时将作用于活塞上的力转变为曲轴对外输出的转矩,以驱动汽车车轮转动。如图2-1-19所示,曲柄连杆机构由活塞组、连杆组和曲轴、飞轮组等零部件组成。

图2-1-19 曲柄连杆机构

1. 活塞连杆组

活塞连杆组将作用于活塞上的力转变为曲轴对外输出转矩,以驱动汽车车轮转动,是发动机的传动件。它把燃烧气体的压力传给曲轴,使曲轴旋转并输出动力。活塞连杆组主要由活塞、活塞环、活塞销、连杆及连杆轴瓦等组成,如图 2-1-20 所示。

2. 曲轴飞轮组

如图 2-1-21 所示,曲轴飞轮组主要由曲轴、飞轮以及其他零件和附件组成。其零件和附件的种类和数量取决于发动机的结构和性能要求。曲轴飞轮组的作用是把活塞的往复运动转变为曲轴的旋转运动,为汽车的行驶和其他需要动力的机构输出扭矩,同时还储存能量,用以克服非做功行程的阻力,使发动机运转平稳。

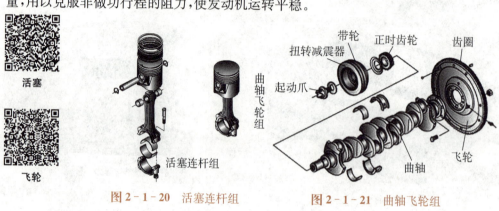

图 2-1-20 活塞连杆组　　图 2-1-21 曲轴飞轮组

任务检测

1. 如图 2-1-22 所示的曲柄滑块机构在汽车哪些部件中得到了运用?

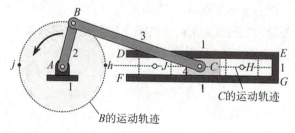

图 2-1-22 曲柄滑块机构

2. 画出曲柄连杆机构的运动简图,并指出哪些是高副哪些是低副。
3. 曲柄连杆机构和曲柄摇杆机构有什么区别?画出两者的运动简图。
4. 画出平行四边形机构的运动简图。
5. 简述平行四边形机构在转向系中的运用。

评价反馈

1. 通过本任务的学习,你能否做到以下几点:

(1) 了解汽车基本组成及功用。

　　能□　　　　　　不确定□　　　　　　不能□

(2) 了解运动副的组成及特点。
能□　　　　　　不确定□　　　　　　不能□
(3) 能分析发动机、底盘、车身的机械结构。
能□　　　　　　不确定□　　　　　　不能□
(4) 能在教师的指导下,运用所学知识,通过查阅资料,绘制发动机曲柄连杆机构运动简图。
能□　　　　　　不确定□　　　　　　不能□

2. 工作任务的完成情况:
(1) 能否正确运用工具,完成任务内容:_____
(2) 与他人合作完成的任务:_____
(3) 在教师指导下完成的任务:_____

3. 你对本次任务的建议:_____

任务 2　汽车零部件材料分析

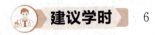

□了解汽车零件常用金属材料。
□会识别汽车零件常用非金属材料。
□能描述汽车常用件的材料属性。

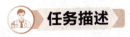　6

任务描述

常用的金属材料有哪些?汽车上用到了哪些材料?

想一想　车身结构和车身附件所用的材料有哪些差异?复合材料有哪些是用在汽车上的?

有色金属在汽车上的应用

学习过程

一、金属材料及其性能

1. 金属材料的概念

金属材料是金属及其合金的总称,即指金属元素或以金属元素为主构成的,具有金属特性的物质。

2. 金属材料的分类

金属材料分类如图 2-2-1 所示。

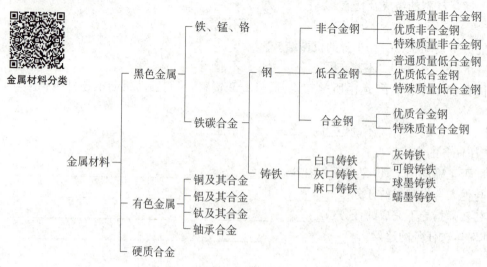

图 2-2-1 金属材料分类

3. 金属材料的载荷与变形

（1）载荷　金属材料的变形通常是在外力作用下发生的。金属材料在加工及使用过程中所受的外力称为载荷。根据作用性质，载荷可分为静载荷、冲击载荷和交变载荷 3 种；根据作用形式不同，又可分为拉伸载荷、压缩载荷、弯曲载荷、剪切载荷和扭转载荷等，如图 2-2-2 所示。

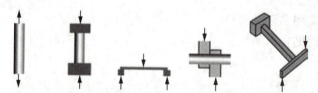

（a）拉伸载荷　（b）压缩载荷　（c）弯曲载荷　（d）剪切载荷　（e）扭转载荷

图 2-2-2　常见的载荷类型

（2）应力　受外力作用后所导致的物体内部之间的相互作用力称为内力，应力的表达式为

$$R = \frac{F}{S},$$

式中，R 为应力，MPa；F 为外力，N；S 为横截面面积，mm^2。

（3）变形　金属在外力作用下形状和尺寸所发生的变化称为变形。按去除外力后变形是否能完全恢复，可分为弹性变形和塑性变形。例如易拉罐的变形，如图 2-2-3 所示。

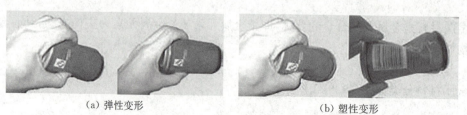

（a）弹性变形　　　　　　　　　　（b）塑性变形

图 2-2-3　易拉罐产生的变形

4. 金属材料的性能

金属材料的性能包括使用性能和工艺性能。使用性能指保证零件的正常工作应具备的性能,即在使用过程中表现出的性能,包括力学性能、物理性能和化学性能;工艺性能指材料在被加工过程中,适应各种冷、热加工的性能,包括铸造性能、锻造性能、焊接性能、切削加工性能和热处理性能。

二、常见的金属材料

1. 低合金钢与合金钢的分类

(1) 低合金钢 是加入少量合金元素的钢。按质量等级分为普通质量低合金钢、优质低合金钢、特殊质量低合金钢;按主要性能和使用特性分为可焊接的低合金高强度结构钢、低合金耐候钢、低合金钢筋钢、铁道用低合金钢、矿用低合金钢和其他低合金钢(如焊接用钢)。

合金钢在汽车上的应用

(2) 合金钢 是合金元素的种类和含量高于国家标准规定范围的钢。按质量等级分为优质合金钢、特殊质量合金钢;按主要性能和使用特性分为工程结构用合金钢,机械结构用合金钢,轴承钢,工具钢,不锈、耐腐蚀和耐热钢,特殊物理性能钢和其他合金钢(如焊接用合金钢)。

(3) 合金元素在钢中的主要作用

① 强化铁素体,提高合金钢中铁素体的强度和硬度,降低塑性或韧性。

② 形成合金碳化物,使合金钢具有较高的熔点、硬度和耐磨性,而不降低其韧性。

③ 细化晶粒,使合金钢在热处理后获得比碳素钢更细的晶粒。

④ 提高钢的淬透性。

⑤ 提高钢的回火稳定性。

2. 铝及铝合金

(1) 铝及铝合金的性能特点

① 密度小,熔点低,导电性、导热性好,磁化率低。

② 抗大气腐蚀性能好。

③ 加工性能好。

(2) 纯铝 按纯度分为高纯铝、工业高纯铝和工业纯铝3类,见表2-2-1

表2-2-1 工业纯铝的牌号、化学成分及用途

代号	牌号	化学成分/%		用途
		Al	杂质总量	
1.1	1070	99.7	0.3	垫片、电容、电子管隔离罩、电线、电缆、导电体和装饰件
1.2	1060	99.6	0.4	
1.3	1050	99.5	0.5	
1.4	1035	99.0	1.0	
1.5	1200	99.0	1.0	不受力而具有某种特性的零件,如电线保护套管、通信系统的零件、垫片和装饰件

(3) 铝合金 根据成分特点和生产方式的不同可分为变形铝合金和铸造铝合金。变形铝合金又可分为防锈铝、硬铝、超硬铝和锻铝4种合金,其性能见表2-2-2;常用铸造铝合金性能见表2-2-3。

表2-2-2 常用变形铝合金的牌号、力学性能及用途

类别	曾用牌号	牌号	半成品种类	状态	力学性能 R_m/MPa	A/%	用途
防锈铝合金	LF2	5A02	冷轧板材 热轧板材 挤压板材	O H112 O	167～226 117～157 ≤226	16～18 6～7 10	在液体中工作的中等强度的焊接件、冷冲压件和容器、骨架零件等
防锈铝合金	LF21	3A21	冷轧板材 热轧板材 挤制厚壁管材	O H112 H112	98～147 108～118 ≤167	18～20 12～15 —	要求高的可塑性和良好的焊接性,在液体或气体介质中工作的低载荷零件,如油箱、油管、液体容器、饮料罐等
硬铝合金	LY11	2A11	冷轧板材(包铝) 挤压棒材 拉挤制管材	O T4 O	226～235 353～373 ≤245	12 10～12 10	各种要求中等强度的零件和构件、冲压的连接部件、空气螺旋桨叶片、局部镦粗的零件(如螺栓、铆钉)
硬铝合金	LY12	2A12	冷轧板材(包铝) 挤压棒材 拉挤制管材	T4 T4 O	407～427 255～275 ≤245	10～13 8～12 10	用量最大,用作各种要求高载荷的零件和构件(但不包括冲压件和锻件),如飞机上的骨架零件、蒙皮、翼梁、铆钉等
超硬铝合金	LY8	2B11	铆钉线材	T4	J225	—	铆钉材料
超硬铝合金	LC3	7A03	铆钉线材	T6	J284	—	受力结构的铆钉
超硬铝合金	LC4 LC9	7A04 7A09	挤压棒材 冷轧板材 热轧板材	T6 O T6	490～510 ≤240 490	5～7 10 3～6	承力构件和高载荷零件,如飞机上的大梁、桁条、加强框、起落架零件等,通常多用以取代2A12
锻铝合金	LD5	2A50	挤压棒材	T6	353	12	形状复杂、中等强度的锻件和冲压件,内燃机活塞、压气机叶片、叶轮、圆盘以及其他在高温下工作的复杂锻件
锻铝合金	LD7	2A70	挤压棒材	T6	353	8	
锻铝合金	LD8	2A80	挤压棒材	T6	432～441	8～10	
锻铝合金	LD10	2A14	热轧板材	T6	432	5	高负荷、形状简单的锻件和模锻件

注:状态符号采用GB/T 16475—2008规定代号:O为退火,T4为淬火+自然时效,T6为淬火+人工时效,H112为热加工。

表2-2-3 常用铸造铝合金的牌号、力学性能及用途

牌号	代号	化学成分/%				铸造方法与合金状态	力学性能(不低于)			用途
		Si	Cu	Mg	其他		R_m/MPa	A/%	HBW	
ZAlSi7Mg	ZL101	6.5～7.5	—	0.25～0.45	—	J、T5 S、T5	202 192	2 2	60 60	工作温度低于185℃的飞机、仪器零件,如化油器

(续表)

牌号	代号	化学成分/%				铸造方法与合金状态	力学性能(不低于)			用途
		Si	Cu	Mg	其他		R_m/MPa	A/%	HBW	
ZAlSi12	ZL102	10.0~13.0	—	—	—	J、SB JB、SB T2	153 143 133	2 4 4	50 50 50	工作温度低于200℃,承受低载,要求好的气密性的零件,如仪表、抽水机壳体
ZAlSi5Cu1Mg	ZL105	4.5~5.5	1.0~1.5	0.4~0.6	—	J、T5 S、T5 S、T6	231 212 222	0.5 1.0 0.5	70 70 70	形状复杂、在225℃以下工作的零件,如风冷发动机的气缸头、油泵体、机壳
ZAlSi12Cu2Mg1	ZL108	11.0~13.0	1.0~2.0	0.4~1.0	0.3~0.9 Mn	J、T1 J、T6	192 251	— —	85 90	有高温、高强度及低热膨胀系数要求的零件,如高速内燃机活塞等
ZAlCu5Mn	ZL201	—	4.5~5.3	—	0.6~1.0 Mn 0.15~0.35 Ti	S、T4 S、T5	290 330	8 4	70 90	在175~300℃条件下工作的零件,如内燃机气缸、活塞、支臂等
ZAlCu10	ZL202	—	9.0~11.0	—	—	S、J S、J、T6	104 163	— —	50 100	形状简单、要求表面光滑的中等承载零件
ZAlMg10	ZL301	—	—	9.0~11.5	—	J、S、T4	280	9	60	在大气或海水中工作,工作温度低于150℃,承受大振动载荷的零件
ZAlZn11Si7	ZL401	6.0~8.0	—	0.1~0.3	9.0~13.0 Zn	J、T1 S、T1	241 192	1.5 2	90 80	工作温度低于200℃,形状复杂的汽车、飞机零件

注:J 表示金属型铸造,S 表示砂型铸造,SB 表示变质处理,T1 表示人工时效(不进行淬火),T2 表示 290℃退火,T4 表示淬火＋自然时效,T5 表示淬火＋不完全时效(时效温度低或时间短),T6 表示淬火＋人工时效(180℃以下,时间较长)。

三、常见的非金属材料

1. 橡胶

橡胶是一种有机高分子弹性化合物。汽车上有许多零部件都是用橡胶制成的,如轮胎、风扇传动带、缓冲垫、油封、制动皮碗、门窗密封胶带、各种胶管等。汽车用橡胶零部件对汽车的防振、减噪、行驶稳定性和乘坐舒适性等起着很大作用。

(1) 橡胶的基本性能　极高的弹性、良好的热可塑性、良好的黏着性、良好的绝缘性。

(2) 橡胶的缺点　易老化,是指橡胶在储存和使用的中,随着时间,其弹性、硬度、抗溶胀性及绝缘性发生变化,出现变色、发黏,或变硬、变脆龟裂,最后不能使用的现象。

非金属材料的分类

引起橡胶老化的主要原因有空气中氧、臭氧的氧化,以及光照(尤其是紫外线照射)、温度的作用和机械变形而产生的疲劳等。为防止橡胶老化,延长其使用寿命,应避免与酸、碱、油类等放在一起,也不能用开水长时间浸泡,更不能用火烤或在阳光下暴晒。

2. 玻璃

玻璃是构成汽车外形的重要材料之一,具有刚度高、透光性好、隔音及保温效果好等优点。为提高可见性,经历了由平板型向曲面型、普通型向强化型、全钢化向局部钢化、钢化玻璃向夹层玻璃、三层夹层向多层夹层、功能化玻璃等发展的过程。

(1) 玻璃的基本性能　玻璃是一种较为透明的固体物质,是以石英砂、纯碱、长石、石灰石等为主要原料,在高温熔融时形成连续网络结构,冷却过程中黏度逐渐增大并硬化而不结晶的硅酸盐类非金属材料,其主要成分是二氧化硅。

(2) 车用安全玻璃　前后风挡、侧窗、反光镜、灯具等部位采用了玻璃。除去一些与安全关系不大的极少部位采用的是浮法玻璃(在锡槽里,玻璃浮在锡液的表面上制出)外,其他部位都采用了安全玻璃。安全玻璃分为钢化玻璃、区域钢化玻璃、夹层玻璃、中空玻璃和防弹玻璃。

① 钢化玻璃:普通的浮法玻璃经加热后再急速冷却处理,使玻璃晶相组织间形成残余应力,不仅增加了玻璃的强度(在不经热处理的情况下,比普通玻璃增强3～5倍),而且当遇到有破坏性的外力冲击和玻璃破裂时,在残余应力的作用下玻璃迅速形成雪崩样的小碎粒,而不会形成锋利的刀口而伤人,主要用于挡风玻璃。

② 局部钢化玻璃:为了弥补钢化玻璃的缺陷,采用特殊的热处理方式,在驾驶员的视野范围内加大碎片,以保证破碎后不影响视野,避免二次事故。由于成本较低,一些中低档汽车选用局部钢化玻璃作前挡风玻璃。

③ 夹层玻璃:共有3层,即在两层玻璃之间有一层PVB黏合剂(聚乙烯醇缩丁醛树脂膜)。该黏合剂具有很强的柔韧性,当玻璃碎裂时,PVB胶片会把玻璃碎片黏在一起,制止细碎裂纹,保证视野。根据其夹层的厚度,可分为普通复合玻璃和HPR(high penetration resistance)夹层玻璃。

普通复合玻璃中PVB黏合剂的厚度为0.38 mm。HPR夹层玻璃中PVB黏合剂的厚度为0.76 mm,是普通复合玻璃的两倍,提高了对破裂的抗力,广泛用于前挡风玻璃上。

④ 中空玻璃:与夹层玻璃有些相似,也是由两片或多片玻璃基片组成,不过基片与基片之间"夹"的是铝合金间隔条,并填充有一定的干燥剂。中空玻璃具有保温、隔音、节能等优点。缺点是抗冲击性弱,安全系数低,逐渐淘汰出车用安全玻璃行列。

⑤ 防弹玻璃:多用于军事级别或专用安全车辆,普及性较低。

3. 摩擦材料

现代汽车摩擦材料是一类以摩擦为主要功能,兼有结构性能要求的复合材料。它将动能转变成热量,然后将热量吸收或散发掉,同时降低贴合部件间的相对运动。摩擦材料在工作时主要承受反复变化的机械应力场与热应力场,而力与热的发生源是无限形成新工作面的摩擦界面。

汽车用摩擦材料主要用于制动摩擦片和离合器片,既是安全件,又是易损件。用量不是很大,但在汽车结构中占有特殊及重要的地位。

(1) 汽车用摩擦材料的性能要求　有足够高而稳定的摩擦系数,有良好的耐磨性,有较好的机械强度和物理性能,不产生过重的噪声。

(2) 摩擦材料的组成　属于高分子三元复合材料,由增强材料、黏结材料和填充材料3部分组成。

① 增强材料:增强材料是摩擦材料的重要组成部分,主要作用是使摩擦材料具有一定的强度和韧性,使摩擦材料能承受冲击、剪切、拉伸等机械力,如棉花、棉布和皮革、石棉、其他非石棉纤维。

② 黏结材料:树脂和橡胶的耐热性是非常重要的性能指标。选用不同的黏结材料就会得出不同的摩擦性能和结构性能。选用黏结材料时,首先要考虑其热性能,包括结构强度高、模量低、贴合性好、分解温度高、分解物少、分解速度慢及分解残留物有一定的摩擦性能等。目前使用的有机黏结剂为酚醛类树脂、合成橡胶和改性酚醛树脂,如用丁腈粉改性、橡胶改性及其他改性酚醛树脂作为摩擦材料的黏结剂。

③ 填充材料:主要是由摩擦性能调节剂和配合剂组成。使用填料主要是为了调节和改善制品的摩擦性能、物理性能与机械强度;控制制品热膨胀系数、导热性、收缩率,增加产品尺寸的稳定性;改善制品的制动噪音;提高制品的制造工艺性能与加工性能;改善制品外观质量及密度及降低生产成本。常用的填充材料有有机、无机和金属3种,如重晶石、硅灰石、氧化铝、铬铁矿粉、氧化铁、轮胎粉及铜、铅等粉末等。

4. 塑料

塑料是应用最广泛的高分子材料,在汽车上的应用发展很快,从最初的内饰件和小机件,发展到可以替代金属制造各种配件。塑料的密度小,价格低。采用塑料代替部分金属件,既可减轻车辆自重又可降低成本,还可改善汽车的耐磨、防腐蚀、减振、降噪等性能。因此,随着汽车工业的发展塑料越来越为人们所重视。

(1) 塑料的组成　塑料是指具有可塑性的那部分材料,最初制造塑料的原料为农副产品,其后是来自煤,20世纪60年代以来则主要来自石油。大多数塑料是以合成树脂(也成高分子化合物)为基础,再加入一些改善使用性能和工艺性能的添加剂,在一定的温度和压力下制成的高分子材料。

(2) 塑料的主要特性　塑料具有许多优良的物理、化学及力学性能,如质量轻、强度低、刚度低、比强度高、耐蚀性好、绝缘性能好、减摩性能、耐磨性能差异大、吸振性能高、消音性好。塑料也有不少缺点,与钢相比,其热膨胀系数大(是钢的3～10倍),所以塑料零件的尺寸精度不够稳定;热导率较小(一般为金属的1/500～1/600),所以导热性较差;耐热性差,大多数只能在温度小于100℃时使用,只有高温塑料可在200℃左右使用;容易吸水,塑料吸水后,会引起使用性能恶化。此外,塑料还有易老化、易燃烧等缺点。

5. 陶瓷材料

陶瓷的性能由两种因素决定。首先是物质结构，主要是化学键的性质和晶体结构，它们决定陶瓷材料的性能，例如耐高温性、半导体性及绝缘性等。其次是显微组织，包括分布、晶粒大小、形状、气孔大小和分布、杂质、缺陷等。

陶瓷在汽车上主要用于传感器、发动机、制动器、减震器，以及用于喷涂技术。

● 任务检测

1. 汽车分为哪几个组成部分，每个部分分别使用哪些材料？
2. 车身的组成材料有哪些？

想一想 汽车车身的主要作用？

汽车车身的作用主要是保护驾驶员以及构成良好的空气力学环境。好的车身不仅能带来更佳的性能，也能体现出车主的个性。汽车车身结构从形式上说，主要分为非承载式和承载式两种。

3. 写出车身的分类。承载式车身和非承载式车身所用材料是否一致？
4. 汽车车身轻量化主要从哪些方面入手？
5. 如图2-2-4所示，汽车发动机由哪些组成部分，各部分用到了哪些材料？

图2-2-4 发动机结构

6. 气缸盖用到了哪些材料？
7. 气缸体用到了哪些材料？
8. 活塞是什么材料制成的？

● 能力拓展

1. 汽车上用到金属部件的地方有哪些？
2. 汽车上用到非金属部件的地方有哪些？

● 评价反馈

1. 通过本任务的学习，你能否做到以下几点：

(1) 了解什么是金属材料。
能□　　　　　　　不确定□　　　　　　　不能□
(2) 了解什么是非金属材料。
能□　　　　　　　不确定□　　　　　　　不能□
(3) 是否能够说出各部件使用的材料。
能□　　　　　　　不确定□　　　　　　　不能□
(4) 在教师的指导下,运用所学知识,通过查阅资料,分析汽车材料。
能□　　　　　　　不确定□　　　　　　　不能□
2. 工作任务的完成情况:
(1) 能否正确运用工具,完成任务内容:＿＿＿＿＿＿＿＿＿＿＿＿＿＿＿＿
(2) 与他人合作完成的任务:＿＿＿＿＿＿＿＿＿＿＿＿＿＿＿＿＿＿＿＿
(3) 在教师指导下完成的任务:＿＿＿＿＿＿＿＿＿＿＿＿＿＿＿＿＿＿
3. 你对本次任务的建议:＿＿＿＿＿＿＿＿＿＿＿＿＿＿＿＿＿＿＿＿＿＿

任务3　汽车驱动桥拆装与材料分析

　任务目标

□了解拆卸工具的使用方法。
□能说出驱动桥动力传递路线。
□能描述驱动桥各部件材料的属性及加工工艺。
□能够按照技术要求合理装配驱动桥。

　建议学时　12

任务描述

驱动桥结构如图2-3-1所示,如何拆解和安装驱动桥?驱动桥的组成部分有哪些?各部分有什么功用?

转向驱动桥结构1

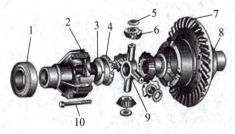

转向驱动桥结构2

图2-3-1　驱动桥结构

想一想　你所了解的驱动桥有什么作用?如何拆解驱动桥?

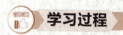**学习过程**

一、驱动桥的结构组成

驱动桥一般由主减速器、差速器、车轮传动装置和驱动桥壳等组成。

1. 主减速器类型

主减速器的作用是将输入的转速降低,并改变旋转方向,然后传递给驱动轮,以获得足够的汽车牵引力和适当的车速,有单级、双级、双速、轮边主减速器等几种,如图2-3-2~图2-3-4所示。

单级主减速器3D结构展示

主减速器类型

轮边主减速器

差速器

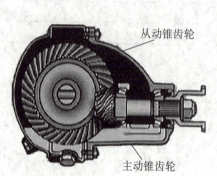

图2-3-2 单级主减速器

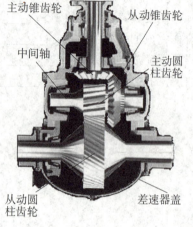

图2-3-3 双级主减速器

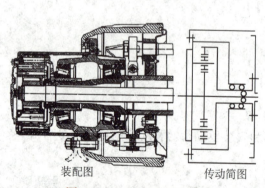

图2-3-4 轮边主减速器

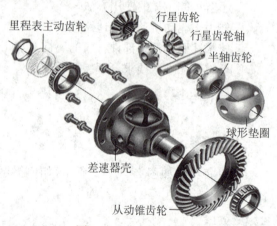

图2-3-5 普通差速器

2. 差速器

差速器的作用是将主减速器传来的动力传给左、右半轴,并在必要时允许左、右半轴以不同转速旋转,以满足两侧驱动轮差速的需要。差速器按其用途可分为轮间差速器和轴间差速器,轮间差速器装在同一驱动桥两侧驱动轮之间,而轴间差速器装在各驱动桥之间。

(1)普通差速器 如图2-3-5所示,由差速器壳、行星齿轮轴、行星齿轮、半轴齿轮等组成。行星齿轮轴装入差速器壳后用止动销定位。行星齿轮和半轴齿轮的背面制成球面,与复合式的推力垫片相配合,减摩,耐磨。螺纹套用于紧固半轴齿轮。

汽车直线行驶时,两侧驱动轮所受到的地面阻力相同,行星齿轮不自转,只随差速器壳和行星齿轮轴一起公转,两半轴无转速差。汽车转向行驶时,两侧驱动轮所受到的地面阻力不同。如果车辆右转,右侧(内侧)驱动轮所受的阻力大,左侧(外侧)驱动轮所受的阻力小。

(2) 防滑差速器 例如托森差速器,如图2-3-6所示。

半轴

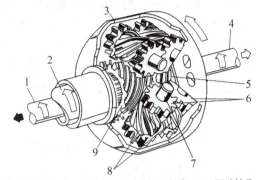

1—差速器齿轮轴 2—空心轴 3—差速器外壳 4—驱动轴凸缘盘
5—后轴蜗杆 6—直齿圆柱齿轮 7—蜗轮 8—蜗轮 9—前轴蜗杆

图 2-3-6 防滑差速器

3. 半轴

半轴的作用是将差速器传来的动力传给驱动轮。因其传递的转矩较大,常制成实心轴。半轴的结构因驱动桥结构形式的不同而异,分为全浮式、半浮式、3/4浮式。

4. 桥壳

桥壳是安装主减速器、差速器、半轴、轮装配的基体,有整体式、可分式和组合式3种结构。主要作用是支承并保护主减速器、差速器和半轴等。一般来说,普通非断开式驱动桥桥壳是一根支承在左、右驱动车轮上的刚性空心梁,主减速器、差速器、半轴等传动件均装在其中,桥壳经纵置钢板弹簧与车架或车厢相联。它是驱动桥的重要组成部分,又是行驶系的主要组成件之一。驱动桥壳应有足够的强度和刚度,质量小,并便于主减速器的拆装和调整。

二、驱动传递路线

(1) 飞轮→离合器→变速器输入轴→变速器输出轴→主减速器→差速器→半轴→车轮。

(2) 驱动桥所在位置不是驱动轮所在位置,驱动传递路线为:飞轮——离合器——变速器输入——输出——传动轴。

三、钢的热处理

1. 热处理定义

热处理是采用适当的方式将固态金属材料或工件加热、保温和冷却,以获得预期的组织结构与性能的工艺,由加热、保温、冷却3个阶段组成,可用工艺曲线来表示如图2-3-7所示。

2. 钢的整体热处理

热处理的种类很多,根据目的和工艺方法,可分为整体热处理和表面热处理两大类。整体热处理包括退

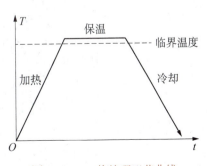

图 2-3-7 热处理工艺曲线

火、正火、淬火、回火、调质处理、时效处理等。

(1) 退火　将钢件加热到适当的温度,经过一定时间的保温后,缓慢冷却(一般为随炉冷却)以使内部组织均匀化,从而获得预期力学性能的热处理工艺。钢件退火的目的主要有以下几个方面:

① 降低材料的强度和硬度,提高塑性,为后续机械加工做准备。
② 减小材料内部组织的不均匀性,细化晶粒,消除内部应力。
③ 为后续的热处理做好组织准备。

不同成分的钢件在退火时所需的加热温度和冷却方式各不相同,通常可将退火分为完全退火、等温退火、球化退火、均匀退火和去应力退火,如图2-3-8所示。

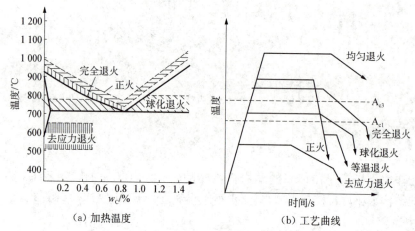

图2-3-8　退火温度示意图

(2) 正火　把钢加热到组织转变为奥氏体的临界温度以上保温,使其完全奥氏体化,在空气中冷却的热处理工艺。钢件正火主要有以下几个方面的目的和应用:

① 提高低碳钢、低碳合金钢的硬度,改善切削加工性能。
② 细化晶粒,消除网状碳化物,为后续热处理工艺做好组织准备。
③ 提高强度、硬度和韧性,可作为对力学性能要求不高的机械零部件的最终热处理。

(3) 淬火　将钢的组织加热到转变为奥氏体的临界温度以上,保温一定时间,以大于临界冷却速度快速冷却的热处理工艺。冷却方式和冷却速度直接影响淬火的效果。冷却速度过快,钢件容易开裂和变形;冷却速度过慢,钢件无法达到所要求的性能。根据冷却方式的不同,淬火可分为单介质淬火、双介质淬火、分级淬火和等温淬火等,如图2-3-9所示。

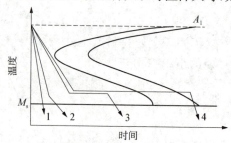

1—单介质淬火法　2—双介质淬火法　3—分级淬火法　4—等温淬火法

图2-3-9　各种淬火方法的冷却曲线

（4）回火　将淬火后的钢重新加热到某一较低温度，保温后再冷却到室温的热处理工艺。根据温度的不同，可分为低温回火、中温回火和高温回火 3 种，见表 2-3-1。

表 2-3-1　回火的特点及应用

类型	加热温度/℃	特点	应用
低温回火	150～250	具有较高的硬度、耐磨性和一定的韧性，硬度为 58～64HRC	用于刀具、量具、冷冲模以及其他要求高硬度、高耐磨性的零件
中温回火	350～500	具有较高的弹性极限、屈服强度和适当的韧性，硬度为 40～50HRC	主要用于弹性零件及热锻模具等
高温回火	500～650	具有良好的综合力学性能（即足够的强度与高韧性相配合），硬度为 200～330HBW	广泛用于重要的受力构件，如丝杠、螺栓、连杆、齿轮、曲轴等

（5）调质　先将钢件淬火，再高温回火，这种复合热处理工艺称为调质处理，简称为调质。调质处理可使钢件获得良好的综合力学性能，在具有较高强度和硬度的同时保持一定的韧性和塑性，通常用于丝杠、连杆、主轴、轴承等受力复杂的重要机械零部件。

3．钢的表面热处理

表面热处理是指仅加热钢件的表面，以改变表层组织结构和力学性能的热处理工艺。根据工艺方法和原理的不同，表面热处理可分为表面淬火和化学热处理两大类。

（1）表面淬火　仅对钢件表面进行淬火而不改变其组成成分的热处理工艺称为表面淬火。根据加热方式的不同，可分为感应加热、火焰加热、电接触加热表面淬火，和激光热处理等。

感应加热淬火原理如图 2-3-10 所示，将钢件置于加热线圈中，当加热线圈内通入交流电时，所产生的交变磁场会在钢件表面产生巨大的感应电流。由于钢件具有电阻，因此钢件表面迅速加热升温，在几秒钟内即可达到 800～1 000℃，而心部温度变化较小。加热后迅速向钢件表面喷水冷却即可完成表面淬火。

（2）化学热处理　将钢件置于一定的介质中，通过加热、保温和冷却使介质中的一种或几种元素渗入钢件表面，以改变表层的化学成分和组织，从而使钢件表层和心部具有不同的性能。化学热处理的过程包括介质分解成活性原子、工件表面吸收活性原子和活性原子在内部扩散 3 个基本阶段。

① 钢的渗碳：指向低碳钢或低合金钢工件表面渗入碳原子，以提高表层含碳量，使钢件表面具有高硬度和耐磨性，而心部仍保持良好韧性的表面热处理工艺，其原理如图 2-3-11 所示。

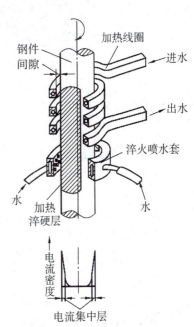

图 2-3-10　感应加热表面淬火原理

② 渗氮:又称为氮化,是将氮原子渗入钢件表面,以提高其硬度、耐磨性、疲劳强度和抗蚀性的一种化学热处理方法。

③ 碳氮共渗:俗称氰化,是在一定温度条件下将碳和氮同时渗入钢件表面的化学热处理方法。碳氮共渗既具有渗碳的淬硬深度,又能获得渗氮的高硬度,因此能有效提高零件的硬度、耐磨性和疲劳强度。

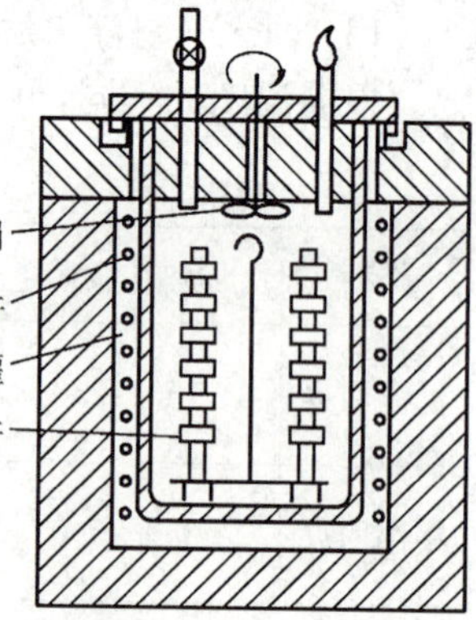

图 2-3-11 气体渗碳原理

任务实施

一、主减速器的拆装

主减速器和差速器的零件分解如图 2-3-12 所示。

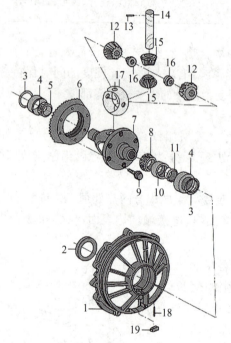

1—主减速器盖 2—密封圈 3—从动锥齿轮的调整垫片 4—轴承外座圈 5—差速器轴承 6—从动锥齿轮 7—差速器壳 8—差速器轴承 9—螺栓(拧紧力矩 70 N·m) 10—车速表主动齿轮 11—锁紧套筒 12—半轴齿轮 13—夹紧销 14—行星齿轮轴 15—行星齿轮 16—螺纹套 17—复合式止推垫片 18—磁铁固定销 19—磁铁

图 2-3-12 主减速器和差速器的零件分解

1. 主、从动锥齿轮总成的拆卸

步骤1:拆卸变速器,将其固定在支架上。

步骤2:拆下轴承支座和后盖。

步骤3:取下车速里程表的传感器。

步骤4:锁住传动轴(半轴),拆下紧固螺栓。

步骤5:取下传动轴。

步骤6:取下车速里程表的主动齿轮导向器和齿轮。

步骤7:拆下主减速器盖。

步骤8:从变速器壳体上取下差速器。用铝质的夹具将差速器壳固定在台虎钳上,拆下从动齿轮的紧固螺栓。

步骤9:取下从动锥齿轮。

2．主、从动锥齿轮总成的安装

步骤1：在变速器输出轴上装上所有齿轮、轴承及同步器，计算输出轴调整垫片的厚度。

步骤2：将从动锥齿轮加热至80℃，并将其装在差速器壳上。安装时用两个螺纹销做导向。装上新的从动锥齿轮螺栓，并用70 N·m的力矩交替旋紧。计算从动齿轮的调整垫片的厚度，把垫片安装在适当的位置上。

步骤3：将轴承支座装在变速器壳体上，并换用新的衬垫。装上变速器后盖。

步骤4：将差速器装在变速器壳体上。将主减速器盖装在壳体上，用25 N·m的力矩旋紧螺栓。

步骤5：装上车速里程表的主动齿轮和导向器。装上车速里程表的传感器。装上半轴凸缘中的一个，用錾子将它锁住，装上螺栓，用20 N·m的力矩旋紧。装另一个半轴凸缘。

做一做

1. 图2-3-12中用到多少锥齿轮？
2. 图2-3-13中的锥形齿轮是如何装配的？

图2-3-13 锥形齿轮

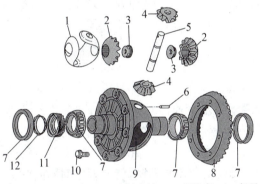

1—复合式推力垫片 2—半轴齿轮 3—螺纹套 4—行星齿轮 5—行星齿轮轴 6—止动销 7—圆锥滚子轴承 8—主减速器从动锥齿轮 9—差速器壳 10—螺栓 11—车速表齿轮 12—车速表齿轮锁紧套筒

图2-3-14 锥齿轮差速器

想一想 1. 为什么要用铝质的夹具将差速器壳固定在台虎钳上？

2. 为什么从动锥齿轮紧固螺栓一经拆卸就必须更换？

二、差速器的拆装

如图2-3-14所示，差速器由差速器壳、行星轮轴、两个行星轮、两个半轴齿轮、复合式推力垫片等组成。

1．半轴齿轮和行星轮的拆装

（1）拆卸

步骤1：拆卸变速器，拆下差速器，拆下从动锥齿轮。

步骤2：拆下行星轮轴的止动销。

步骤3：取下行星轮轴，再取下行星轮和半轴齿轮。

（2）安装

步骤1：在安装之前，检查复合式止推垫片是否损坏，必要时更换。

步骤 2：通过半轴凸缘将半轴齿轮固定在差速器壳上。

步骤 3：将行星轮放在适当的位置上，转动半轴凸缘使行星轮进入差速器壳。

步骤 4：装上行星轮轴。在行星轮轴上装上止动销。

步骤 5：取下差速器半轴凸缘。用 120℃ 的温度加热，将从动锥齿轮装在差速器壳上。将差速器装在变速器壳体内。

步骤 6：装上半轴凸缘。安装变速器。

2. 差速器壳的拆装

（1）拆卸

步骤 1：拆卸变速器，拆下差速器。用专用工具拆下差速器一侧的轴承（与从动锥齿轮相对的一边），如图 2-3-15 所示。

步骤 2：用专用工具拆下差速器另一侧轴承，同时取下车速表主动齿轮和锁紧套筒。

步骤 3：拆下变速器侧面的密封圈。从主减速器盖上拆下差速器轴承的外座圈和调整垫片。从变速器壳体上拆下差速器轴承的外座圈和调整垫片。

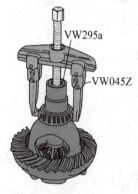

图 2-3-15 拆下差速器一侧轴承

（2）安装

步骤 1：计算从动锥齿轮调整垫片的厚度。装上调整垫片和差速器轴承外座圈。装上调整垫片和轴承外座圈。

步骤 2：装上变速器的侧面密封圈。将差速器轴承加热至 80℃（与从动齿轮相对的一面）并装在差速器壳上。将差速器轴承压到位。

步骤 3：将差速器另一轴承加热至 80℃，并装在差速器壳上。将轴承压到位。装上车速里程表主动齿轮和锁紧套筒，使二者之间的间隙为 1.8 mm（VW433a 只能支撑在锁紧套筒上，以免齿轮受损）。

步骤 4：用适当的齿轮油润滑差速器轴承。

步骤 5：将差速器装入变速器壳体内，装上主减速器盖。拆下变速器后盖和轴承支座。将专用工具 VW521/4、VW521/8 和扭力扳手一起装在差速器上。通过扭力扳手，转动差速器，检查摩擦力矩，对新的轴承来说最小应为 2.5 N·m。

步骤 6：调整从动锥齿轮。装上变速器后盖和轴承支座。装上半轴凸缘并给变速器加油。安装变速器。

● 任务检测

1. 如何计算从动齿轮的调整垫片的厚度？
2. 检查摩擦力矩为什么需要将差速器轴承用适当的齿轮油润滑。

● 能力拓展

1. 如何调整主减速器？
2. 如何检修半轴与桥壳？

评价反馈

1. 通过本任务的学习,你能否做到以下几点:

(1) 能否了解驱动桥的组成。

能☐　　　　　　不确定☐　　　　　　不能☐

(2) 能否掌握常见的轴的类型及加工工艺。

能☐　　　　　　不确定☐　　　　　　不能☐

(3) 能够运用工具拆解与装配驱动桥。

能☐　　　　　　不确定☐　　　　　　不能☐

(4) 在教师的指导下,运用所学知识,通过查阅资料,写出轴类零件的加工工艺。

能☐　　　　　　不确定☐　　　　　　不能☐

2. 工作任务的完成情况:

(1) 能否正确运用工具,完成任务内容:＿＿＿＿＿＿＿＿＿＿＿＿＿＿＿＿

(2) 与他人合作完成的任务:＿＿＿＿＿＿＿＿＿＿＿＿＿＿＿＿＿＿＿＿

(3) 在教师指导下完成的任务:＿＿＿＿＿＿＿＿＿＿＿＿＿＿＿＿＿＿＿

3. 你对本次任务的建议:＿＿＿＿＿＿＿＿＿＿＿＿＿＿＿＿＿＿＿＿＿＿

项目三

【汽车机械基础】

汽车转向结构应用

在汽车中改变或保持汽车行驶或倒退方向的一系列装置称为汽车转向系统。汽车转向系统的功能就是按照驾驶员的意愿控制汽车的行驶方向。汽车转向系统对汽车的行驶安全至关重要,因此汽车转向系统的零件都称为保安件,汽车转向系统是汽车的安全系统。

学习目标

1. 能正确描述转向系的组成和运动特征。
2. 能根据任务要求,列出所需工具及材料清单,合理制定工作计划。
3. 能说出汽车转向系各部件的结构、类型、标记及在汽车上的应用。
4. 能正确使用常用工具,进行检测、拆卸、装配操作。

 建议学时　18 学时

任务 1　认识平面连杆机构

任务目标

☐ 能描述平面连杆机构的组成和基本形式。
☐ 能说出平面连杆机构的基本性质和应用。

建议学时　4

任务描述

平面连杆机构是由若干构件用低副（转动副、移动副）连接组成的平面机构。最简单的平面连杆机构由 4 个构件组成，称为平面四杆机构。平面连杆机构广泛应用于各种机械、仪表和各种机电产品中。

想一想　生活中常见的雷达天线调整机构、汽车雨刮器、缝纫机等机械装置存在很多相似之处，都是将转动转化为摆动，构件都是简单的杆件。这些装置都有什么特点？各自用在什么场合？

学习过程

一、平面连杆机构及分类

1. 平面连杆机构的特点

平面连杆机构广泛应用于各种机械和仪表中，其主要优点有：

① 由于连杆机构中的运动副都是面接触的低副，因而承受的压强小，便于润滑，磨损较轻，承载能力高。

② 构件形状简单，加工方便，构件之间的接触是由构件本身的几何约束来保持的，故构件工作可靠。

③ 可实现多种运动形式之间的变换。

④ 利用连杆可实现多种运动轨迹的要求。

其缺点有：

① 低副中存在间隙，构件数目较多时会产生较大的累积运动误差，从而降低运动精度，效率低。

② 机构运动时产生的惯性力难以平衡，故不适宜于高速场合。

③ 机构设计较复杂，难以实现精确的复杂运动。

2. 平面连杆机构的分类

平面连杆机构的类型很多，从组成机构的杆件数来看有四杆机构、五杆机构和六杆机构等，一般将由 5 个或 5 个以上的构件组成的连杆机构称为多杆机构。

二、平面铰链四杆机构

通常将全部用回转副组成的平面四杆机构称为铰链四杆机构，如图 3-1-1 所示。机构的构件 4 固定不动,称为机架;与机架用回转副相连接的构件 1 和构件 3 均称为连架杆;构件 2 连接两个连架杆且做平面运动,称为连杆。

能绕轴线做 360°转动的连架杆,称为曲柄。仅能在某一角度摆动的连架杆,称为摇杆。铰链四杆机构中总有机架和连杆,可按照连架杆是曲柄还是摇杆,将铰链四杆机构分为三种基本型式,即曲柄摇杆机构、双曲柄机构和双摇杆机构。

1. 曲柄摇杆机构

两连架杆中一个为曲柄另一个为摇杆的四杆机构,称为曲柄摇杆机构。曲柄一般为原动件,将曲柄的连续转动转换为摇杆的往复摆动。曲柄 AB 为主动件,逆时针等速转动过程如图 3-1-2 所示。当曲柄 AB 的 B 点回转到 B_1 点时,从动件摇杆 CD 上的 C 端从 C 点摆动到 C_1 点,而当 B 端从 B_4 点回转到点 B_2 时,C 端从 C_1 点顺时针摆动到 C_2 点。当 B 端继续从 B_2 点回转到 B_1 点时,C 端将从 C_2 点逆时针摆回到 C_1 点。

铰链四杆机构

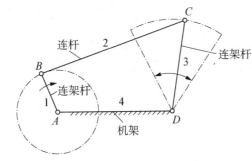

图 3-1-1 铰链四杆机构

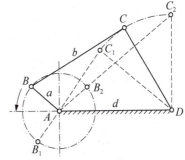

图 3-1-2 曲柄摇杆机构运动过程

曲柄摇杆机构常用于雨刮器、卫星天线、缝纫机踏板机构等设备或机构中。

2. 双曲柄机构

通常将连架杆均为曲柄的四杆机构,称为双曲柄机构。当两个连架杆长度相等,连杆与机架长度也相等时,该机构可称为平行四边形机构或平面双曲柄机构。其中,连杆与机架平行的平面四边形机构称为正平行四边形机构,如图 3-1-3(a)所示;反之,则称为反平行四边形机构,如图 3-1-3(b)所示。

平行四边形机构两曲柄旋转方向相同,角速度相等;反平行四边形机构两曲柄旋转方向相反,角速度不相等。

当连杆长度大于机架长度时,双曲柄机构的运动过程如图 3-1-4 所示。曲柄 AB 为

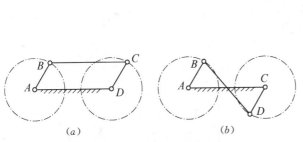

图 3-1-3 平行四边形机构

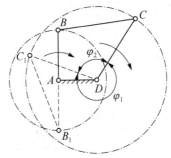

图 3-1-4 双曲柄机构运动过程

主动件,当主动曲柄 AB 顺时针回转 180°到 AB_1 位置时,从动曲柄 CD 顺时针回转到 C_1D,转过角度 φ_1;主动曲柄 AB 继续回转 180°,从动曲柄 CD 转过角度 φ_2。显然 $\varphi_1 > \varphi_2$。

双曲柄机构常用于惯性筛、车门开闭等设备或机构中。

3. 双摇杆机构

双摇杆机构是指两连架杆都为摇杆的铰链四杆机构,它能将原动摇杆的摆动转换为从动摇杆的另一种摆动。在双摇杆机构中,两摇杆可以分别为主动件。

双摇杆机构常用于汽车前轮、飞机起落架等设备或机构中。

三、其他形式的四杆机构及应用

1. 曲柄滑块机构

如图 3-1-5 所示,汽车发动机活塞连杆机构,将曲轴的回转运动转化为活塞的往复运动,或是将活塞的往复运动转化为曲轴的回转运动。

(1) 对心式曲柄滑块机构 如图 3-1-6 所示的曲柄滑块机构中,C 点的运动轨迹通过曲柄的转动中心,故又称对心式曲柄滑块机构。

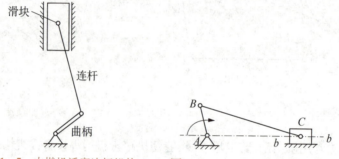

图 3-1-5 内燃机活塞连杆机构　　图 3-1-6 对心式曲柄滑块机构

(2) 偏置式曲柄滑块机构 如图 3-1-7 所示的曲柄滑块机构中,C 点的运动轨迹与曲轴的转动中心线之间存在偏心距 e,故又称偏置式曲柄滑块机构。

2. 移动导杆机构

在如图 3-1-8(a)所示的对心式曲柄滑块机构中,若将构件 1 作为机架,构件 2 作为原动件,则原机构演变为移动导杆机构。如图 3-1-8(b)所示的抽水机就是常见的移动导杆机构。

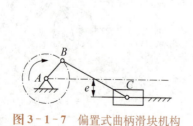

图 3-1-7 偏置式曲柄滑块机构

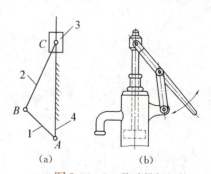

图 3-1-8 移动导杆机构

（1）转动导杆机构　如图3-1-9所示，$l_2 > l_1$则构件2和导杆4均能绕机架做整圈转动，此机构称为转动导杆机构。

（2）摆动导杆机构　如图3-1-10所示，$l_1 > l_2$则构件2回转时，导杆4只能绕机架摆动，此机构称为摆动导杆机构。

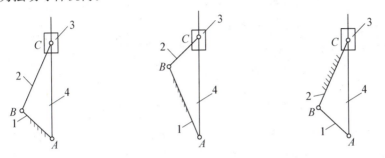

图3-1-9　转动导杆机构　　图3-1-10　摆动导杆机构　　图3-1-11　摇块机构

3. 摇块机构

如图3-1-11所示的曲柄滑块机构中，若将构件2作为机架，则当构件1做回转运动时，滑块3将绕机架上C点来回摆动，称为摇块，该机构称为摇块机构。

任务训练

一、填空题

（1）铰链四杆机构分为3种基本型式：_____、_____和_____。

（2）其他形式的四杆机构主要有_____、_____和_____3种。

（3）平行四边形机构两曲柄旋转方向_____，角速度_____；反平行四边形机构两曲柄旋转方向_____，角速度_____。

能力拓展

分析铰链四杆机构的基本性质

（1）曲柄存在的条件　最短杆与最长杆长度之和小于或等于其余两杆长度之和；最短杆为机架或连架杆。根据以上条件，可判别铰链四杆机构基本类型，方法如下：

① 当最短杆与最长杆长度之和小于或等于其余两杆长度之和时：若最短杆为连架杆，则机构为曲柄摇杆机构；若最短杆为机架，则机构为双曲柄机构；若最短杆为连杆，则机构为双摇杆机构。

② 当最短杆与最长杆长度之和大于其余两杆长度之和时，则不论取何杆为机架，机构均为双摇杆机构。

（2）平面四杆机构的极限位置　曲柄摇杆机构、摆动导杆机构和曲柄滑块机构中，当曲柄为原动件时，从动件做往复摆动或往复移动，存在左、右两个极限位置，如图3-1-12所示。曲柄AB在转动一周的过程中与连杆BC重合两次，摇杆CD达到极限位置，C_1D、C_2D之间的夹角称为摆角，用Ψ表示。摇杆CD处于两个极限位置时，曲柄对应所处的位置AB_1、AB_2之间所夹的锐角称为极位夹角，用θ表示。

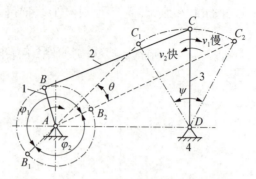

图 3-1-12 内燃机活塞连杆机构极限位置

（3）压力角与传动角　如图 3-1-13 所示，原动件 1 经连杆 2 推动从动件 3 运动，在不计构件自重及转动副的摩擦力时，连杆 2 为二力杆，则从动件 3 上 C 点的受力 F（沿 BC 方向）与速度 v_c 所夹的锐角称为压力角，用 α 表示。在工程实际中，为了方便观察与测量，将连杆 2 和从动件 3 所夹的锐角作为判别机构传力特性的参数，称为传动角，用 γ 表示。

（4）死点　摇杆 CD 传递给曲柄 AB 的作用力与 AB 共线，有效分力为零，机构将处于"卡死"或运动方向不确定的状态。机构的这两个位置称为死点位置，如图 3-1-14 所示。

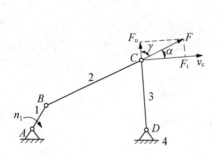

图 3-1-13　铰链四杆机构的压力角和传动角

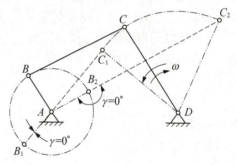

图 3-1-14　曲柄摇杆机构的死点位置

评价反馈

1. 通过本任务的学习，你能否做到以下几点：

（1）掌握平面连杆机构概述及分类。
　能□　　　　　　不确定□　　　　　　不能□

（2）掌握平面铰链四杆机构的特点。
　能□　　　　　　不确定□　　　　　　不能□

（3）掌握其他形式的四杆机构及应用。
　能□　　　　　　不确定□　　　　　　不能□

（4）在教师的指导下，运用所学知识，通过查阅资料，分析平面连杆机构的工作过程。
　能□　　　　　　不确定□　　　　　　不能□

2. 工作任务的完成情况：
(1) 能否正确认识各零部件，完成任务内容：_____
(2) 与他人合作完成的任务：_____
(3) 在教师指导下完成的任务：_____
3. 你对本次任务的建议：_____

任务2　平面连杆机构在汽车中的应用

任务目标

□ 能分析平面连杆机构在汽车中的应用。

建议学时　2

任务描述

根据各构件之间的相对运动为平面运动还是空间运动，连杆机构可分为平面连杆机构和空间连杆机构两大类，本节的内容将讲述平面连杆机构在汽车中的应用。

想一想　为什么刮雨器能把汽车前窗水滴刮干净？为什么汽车能够转向自如？为什么汽车转弯时能不打滑？这些运动过程中都有哪些机构参与并作用？

学习过程

一、平面铰链四杆机构应用

1. 曲柄摇杆机构应用

摇杆曲柄机构在汽车上有着广泛的应用，最为典型的案例是风窗雨刮器。风窗雨刮器用来清除风窗玻璃上的雨水、雪或尘土，以保证驾驶员良好的能见度，有前风窗雨刮器和后风窗雨刮器两个。因驱动装置不同，雨刮器有真空式、气动式和电动式3种。目前车辆上广泛使用的是电动雨刮器，由直流电动机、蜗轮箱、曲柄、连杆、摆杆和雨刮片等组成，如图3-2-1所示。主动曲柄 AB 回转，从动摇杆 CD 往复摆动，利用摇杆的延长部分实现刮水动作，运动简图如图3-2-2所示。

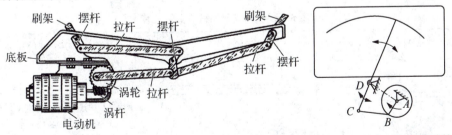

图3-2-1　电动雨刮器组成　　　图3-2-2　风窗雨刮器运动简图

类似的摇杆曲柄机构还有剪板机和俯仰角摆动机构,其简图和机构运动分析见表3-2-1。

表3-2-1 曲柄摇杆机构其他应用

图示	简图	机构运动分析
剪板机		曲柄AB为主动件且匀速转动,连杆BC带动摇杆CD往复摆动,摇杆延伸端实现剪板机上刃口的开合剪切动作
俯仰角摆动机构		曲柄1转动,通过连杆2,使固定在摇杆3上的天线做一定角度的摆动,以调整天线的俯仰角

2. 双曲柄机构应用

双曲柄机构典型应用是车门启闭机构,如图3-2-3所示,利用反平行四边形双曲柄中两曲柄反向运动的特点。杆AB与左边门固结,CD与右边门固结;主动曲柄AB转动时,连杆BC带动从动曲柄CD朝着相反方向转动,门随即打开。此机构可以保证两扇车门同时开启和关闭。类似的摇杆曲柄机构还有惯性筛,简图和机构运动分析见表3-2-2。

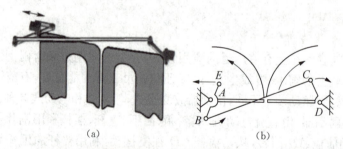

图3-2-3 车门启闭机构

表3-2-2 双曲柄机构其他应用

图示	简图	机构运动机构
惯性筛(不等长双曲柄机构)		主动曲柄AB匀速转动,从动曲柄CD变速转动;构件CE使筛子产生变速直线运动,筛子内的物料因惯性而来回抖动

3.双摇杆机构应用

双摇杆机构典型应用是汽车前轮转向机构。两摇杆的长度相等,称为等腰梯形机构。当汽车直线行驶时,机构保持为等腰梯形;当汽车转弯时,两摇杆摆过不同的角度,使两前轮同时转动,运动简图如图 3-2-4 所示。类似的双摇杆机构还有飞机起落架,简图和机构运动分析见表 3-2-3。

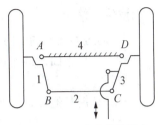

图 3-2-4　汽车前轮转向机构运动简图

表 3-2-3　双摇杆机构其他实例

图示	简图	机构运动分析
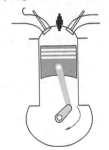 飞机起落架		飞机着陆前,着陆轮需从机翼(机架)中推放至图中位置,AB 与 BC 共线。飞后又须将着陆轮收回机翼中。主动摇杆 AB 通过连杆 BC 驱动从动摇杆 CD 带动着陆轮

二、其他形式的四杆机构应用

1.曲柄滑块机构应用

曲柄滑块机构最为典型的应用是内燃机,是将曲轴的回转运动转化为活塞的往复运动,或是将活塞的往复运动转化为曲轴的回转运动的过程,运动简图如图 3-2-5 所示。

2.摇块机构应用

摇块机构广泛应用于摆动式内燃机和液压驱动装置内,其最典型在汽车上应用为自卸车的翻斗机构。在该机构中,因为液压油缸 3 绕铰链 C 摆动,故称为摇块。当给油缸体内活塞下腔供油时,油缸在摆动的同时,油压推动活塞及活塞杆 4 向右上方运动,使装有货物的箱体 1 绕固定铰链 A 向左上方倾斜,把货卸下。运动简图如图 3-2-6 所示。

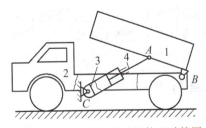

图 3-2-5　内燃机运动简图　　图 3-2-6　自卸车翻斗机构运动简图

任务检测

1. 简述除以上平面连杆机构在汽车上的应用,还有哪些应用。
2. 简述曲柄滑块机构在内燃机应用中的运动过程。

评价反馈

1. 通过本任务的学习,你能否做到以下几点:
(1) 掌握平面铰链连杆机构在汽车上的应用。
能□　　　　　不确定□　　　　　不能□
(2) 掌握其他形式的四杆机构应用。
能□　　　　　不确定□　　　　　不能□
(3) 在教师的指导下,运用所学知识,通过查阅资料,分析平面连杆机构在的运动过程。
能□　　　　　不确定□　　　　　不能□
2. 工作任务的完成情况:
(1) 能否正确认识各零部件,完成任务内容:_____
(2) 与他人合作完成的任务:_____
(3) 在教师指导下完成的任务:_____
3. 你对本次任务建议:_____

任务3　认识液压传动系统

任务目标

□能正确描述液压传动系统的工作原理及分类。
□能识别液压部件及装置。
□能说出压力控制回路的类型特点及区别。
□能说出汽车上液压装置的结构以及工作原理。

液压传动原理

建议学时　4

任务描述

载货卡车的轮胎坏了,拆换时在车下垫上一个千斤顶。随着撬杆的反复起落,车轮渐渐离开地面。千斤顶为什么能产生这样大的力量?

想一想　找出燃油供给系统中的液压元件,并向小组同学讲述其工作原理。

学习过程

一、液压传动的工作原理

1. 液压传动

液压传动是以流体作为工作介质传动和控制能量的一种传动形式。

2. 液体静压力

静止液体在单位面积上所受到的法向作用力称为静压力。静压力在液压传动中简称压力,在物理学中则称为压强。

液体静压力有两个重要特性：
① 液体静压力垂直于承压面,其方向和该面的内法线方向一致。
② 静止液体内任一点所受到的压力在各个方向上都相等。

3. 帕斯卡原理

在密闭的容器内施加于静止液体上的力,将等值传递到液体内各点,这就是帕斯卡原理,或称为静压传递的基本原理,如图 3-3-1 所示,即：

$$P = \frac{F}{A_1} = \frac{G}{A_2}。$$

4. 流量与平均流量

液压制动系统原理

(1) 流量 q　单位时间内流过某一截面的液体的体积称为流量,单位为 m^3/s。

(2) 平均流速 v　单位时间内单位面积上流过的液体体积,单位为 m/s，

$$v = \frac{q}{A}。$$

5. 液体流动连续性原理

液体流动的连续性方程是质量守恒定律在流体力学中的应用。如图 3-3-2 所示,流体在密闭管道内作恒定流动时,因液压不可压缩,在单位时间内流过任意截面的质量相等。当流量一定时,截面上的平均速度与截面积成反比。即,运动速度取决于流量,而与流体的压力无关。

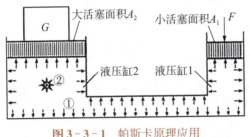

图 3-3-1　帕斯卡原理应用

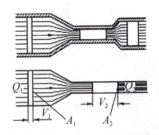

图 3-3-2　流动连续性原理

6. 液压传动的基本原理

以图 3-3-3 所示的液压千斤顶为例,说明液压传动的基本原理。

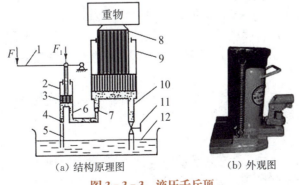

(a) 结构原理图　　(b) 外观图

图 3-3-3　液压千斤顶

(1) 吸油过程　提起手柄1使小活塞3向上移动,小活塞下端油腔容积增大,形成局部真空,这时止回阀4打开,止回阀7关闭,通过吸油管5从油箱12中吸油。

(2) 压油过程　用力压下手柄1,小活塞3下移,小活塞下腔的压强增高,止回阀4关闭,止回阀7打开,下腔的油液经管道6输入举升油缸9的下腔,迫使大活塞8向上移动,顶起重物。

再次提起手柄1吸油时,止回阀7自动关闭,使油液不能倒流,从而保证了重物不会自行下落。不断地往复扳动手柄,就能不断地把油液压入举升缸的下腔,使重物逐渐地升起。工作结束时打开截止阀11,举升缸的下腔室的油液通过管道10、截止阀11流回油箱,重物就向下移动。大活塞在重物和自重作用下回到原始位置。

二、液压传动系统的基本组成

液压传动系统一般由5部分组成,即动力部分、执行部分、控制部分、辅助部分以及工作介质。

(1) 动力部分　把机械能转换成液压能的动力装置,其作用是向液压传动系统提供压力油。常用动力装置是液压泵,是液压传动系统的心脏部分。

(2) 执行部分　把液压能转换成机械能,驱动工作机构的执行装置。常用执行部分是各种形式的液压缸和液压马达。

(3) 控制部分　调节液压传动系统中油液的压力、流速、流量和活塞运动方向的装置。常用的控制装置有压力阀、调速阀、流量阀和换向阀。

(4) 辅助部分　将前面3个部分连接在一起组成一个系统,保证液压传动系统正常工作的辅助装置,是液压传动系统不可缺少的组成部分,起到储油、过滤、测量和密封的作用。常用的辅助装置有滤油器、管件、密封件、热交换器、油箱等。

(5) 工作介质　系统中用来传递能量的物质,即液压油。

三、认识液压部件及装置

1. 动力元件液压泵

图3-3-4　液压泵

(1) 液压泵　是液压系统的心脏,是将原动机的机械能转换为油液压力能的装置,为液压系统提供具有一定压力和流量的液体,属于动力元件,如图3-3-4所示。

(2) 齿轮泵　以外啮合的齿轮泵应用最广,如图3-3-5所示,齿轮泵内有一对相互啮合的少齿数外齿轮,齿轮密封在泵体的工作腔内,啮合线把啮合齿轮分为互不相通的两个区域。当齿轮按示意图中的方向转旋时,左方的吸油腔中,由于相互啮合的轮齿逐渐脱开,齿槽空间逐渐增加,密封工作容积逐渐增大,形成部分真空。油箱中的油液在外界大气压力作用下,经吸油管进入吸油腔充满齿槽。随着齿轮的转动,油液被带到右方的压油腔内。由于齿轮的逐渐啮合,密封工作腔的容积不断减小,油液被挤出来,从压油口进入压力管路供液压系统使用,如图3-3-6所示。

(3) 叶片泵　主要由定子、转子及叶片等部件组成。根据转子每转一周密封腔吸油和排油次数的不同,叶片泵可分为单作用叶片泵和双作用叶片泵两类,如图3-3-7所示。

① 单作用叶片泵:叶片安装在转子槽中,转动时在离心力作用下可贴紧定子内壁,并与转子一起组成若干个密封容积。原动机带动转子每转动一圈,每个密封容积完成一次吸油

图3-3-5 外啮合的齿轮泵

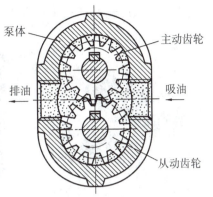

图3-3-6 齿轮泵的工作原理

齿轮泵的分类

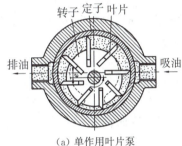

(a) 单作用叶片泵

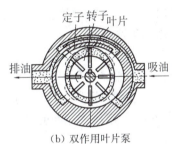

(b) 双作用叶片泵

图3-3-7 叶片泵的工作原理示意图

叶片泵工作原理

和排油过程。调节转子和定子之间的偏心距 e，即可改变泵的排油量，故单作用叶片泵属于变量液压泵。

② 双作用叶片泵：转子和定子中心重合，定子内表面呈近似椭圆形，由两段长半径圆弧、两段短半径圆弧和4段过渡曲线组成。叶片、定子内表面和转子外表面组成若干个封闭容积。转子转动时，随着定子内表面形状的变化，封闭容积发生周期性改变，实现吸油和排油的过程。转子每转动一周，每个封闭容积发生两次改变，泵完成两次吸油和排油过程，故称为双作用叶片泵。

(4) 柱塞泵 如图3-3-8所示，依靠柱塞在缸体内往复运动，使密封工作容积产生变化来实现吸油、压油的。由于其主要构件柱塞与缸体的工作部分均为圆柱面，因此加工方便，配合精度高，密封性能好。柱塞泵的主要零件处于受压状态，使材料强度性能得到充分利用，故常将柱塞泵做成高压泵。而且，只要改变柱塞的工作行程就能改变泵的排量，易实现单向或双向变量。所以，柱塞泵具有压力高、结构紧凑、效率高及流量调节方便等优点。其缺点是结构较为复杂，对污染敏感，有些零件对材料及加工工艺的要求较高，因而在各类容积式泵中，柱塞泵的价格最高。柱塞泵常用于需要高压大流量和流量需要调节的液压系统中。

2. 执行元件液压缸

液压缸也称为油缸，如图3-3-9所示，是液压传动系统的执行元件之一，是将液压油的液压能转换为机械能而输出。液压缸输入的压力能表现为液体的流量和压力，输出的机械能表现为速度和力。它用来驱动工作机构实现直线运动或摆动，液压缸结构简单、工作可靠,可与杠杆、连杆、齿轮、齿条棘轮及凸轮等配合实现多种机械运动,是液压系统中应用最多的执行元件。

柱塞泵的
工作原理

图3-3-8 高压燃油柱塞泵

图3-3-9 液压缸

常用的液压缸有活塞式、柱塞式、摆动式3种。活塞式、柱塞式以及伸缩式液压缸用来实现往复直线运动,输出推力、拉力或直线运动;摆动式液压缸和液压马达用来实现360°以内的往复摆动,输出转矩和角速度。

3. 执行元件液压控制阀

液压控制阀(液压阀)是通过控制和调节液压系统中液体的流动方向、压力和流量,以满足执行元件所需要的起动、停止、运动方向、力或力矩、速度或转速等动作顺序的变化,限制和调节液压系统的工作压力,防止过载等要求,从而使系统按照指定要求协调地工作。

液压阀主要由阀体、阀芯、驱动装置3大部分组成;利用阀芯与阀体的相对移动,改变开口大小或控制阀口的通断,从而控制液体的压力、流向和流量;从功能上来说,液压阀不能对外做功,只能用以满足执行元件的压力、速度和换向等要求。液压控制阀按作用分为流量控制阀、方向控制阀和压力控制阀3大类。

(1)流量控制阀 流量控制阀的作用是控制液压系统的流量,改变节流口的大小,来调节执行元件的运动速度。常用的流量控制阀有普通节流阀和调速阀。

① 节流阀:液压传动系统中最简单的流量控制阀,通过改变阀口过流面积的大小或通道的长短,控制和改变通过阀口的流量,调节执行元件的运动速度,如图3-3-10所示。

② 调速阀:将节流阀和定差减压阀串接而成。定差减压阀可以维持节流阀前后的压差基本保持不变,克服负载波动对节流阀的影响,所以调速阀能使执行元件的运动速度不因负载变化而变化,如图3-3-11所示。

节流阀的
工作原理

调速阀的
工作原理

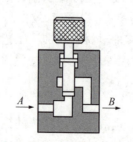
图3-3-10 节流阀的工作原理

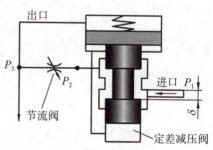
图3-3-11 调速阀的工作原理

（2）方向控制阀　用来改变液压系统中各油路之间油液流动方向或液流通断（开关）的阀类。利用阀芯和阀体间相对位置的改变，实现油路与油路间的接通或断开，以满足系统对液体流动方向的要求。

① 单向阀：允许油液只向一个方向流动，不允许油液向相反的方向流动。常见的单向阀有普通单向阀和液压单向阀两种，如图 3-3-12 所示。普通单向阀主要由阀体、阀芯和弹簧等部件组成工作时，流体由 P_1 口流入，克服弹簧弹力并顶开阀芯，从 P_2 口流出。液体只能从 P_1 流向 P_2，不能倒流。

方向控制阀的工作原理

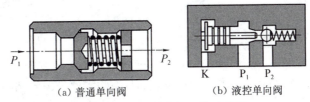

(a) 普通单向阀　　(b) 液控单向阀

图 3-3-12　单向阀工作示意图

液控单向阀是在普通单向阀结构的基础上增加一个控制油口 K，当控制油口 K 无压力油通入时，液控单向阀相当于普通单向阀，压力油可经 P_1 口流入，P_2 口流出，反向则不能流动。当控制油口 K 通入压力油后，控制活塞通过顶杆推动阀芯往右移动，使油口 P_1 和 P_2 处于连通状态，压力油可双向流动。

② 换向阀：利用阀芯与阀体相对位置的改变控制油路的接通或关闭，达到控制液压执行元件的起动、停止或变换运动方向的目的。换向阀按阀芯的运动分滑阀式和转阀式，滑阀式应用较多。

滑阀式换向阀按照阀芯的工作位置的数目和油液的进、出口通路数目，分为"几位几通"，如图 3-3-13 所示。

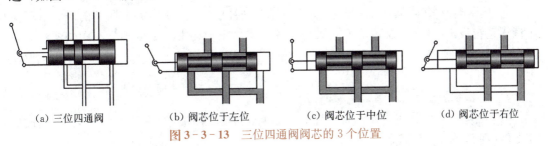

(a) 三位四通阀　　(b) 阀芯位于左位　　(c) 阀芯位于中位　　(d) 阀芯位于右位

图 3-3-13　三位四通阀阀芯的 3 个位置

（3）压力控制阀　控制液压系统压力变化作为信号，控制其他元件动作的阀类，利用阀芯上的液压力和弹簧力保持平衡来工作。根据用途不同，常用的有溢流阀、减压阀、顺序阀和压力继电器等。

① 溢流阀：有多种用途，主要在溢流的同时使液压泵的供油压力得到调整并保持基本恒定，按照工作原理溢流阀分为直动式（图 3-3-14）和先导式（图 3-3-15）两种。一般前者用于低压系统，后者用于中、高压系统中。液压系统对溢流阀的性能要求是定压精度要高；灵敏度要高；工作要平稳，且无振动和噪声；当溢流阀关闭时，密封要好，泄露要少。

顺序阀的
工作原理

图3-3-14 直动式溢流阀

图3-3-15 先导式溢流阀

② 顺序阀:如图3-3-16所示,利用油路中压力的变化控制阀门的开、关,实现各部分油路的顺序动作。顺序阀与溢流阀原理相似,不同之处是溢流阀出油口接油箱,顺序阀出油口接执行元件。

减压阀的
工作原理

(a) 外形

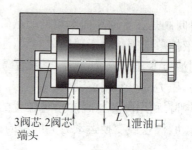
3阀芯 2阀芯 1泄油口
端头
(b) 工作原理

图3-3-16 顺序阀的外形及工作原理

③ 减压阀:用来降低液压系统中某一个局部油液的压力,使这一个局部的压力低于整个液压系统设定的压力,以满足不同执行元件的工作压力要求。减压阀是利用液流流经缝隙产生压力降的原理,使出口压力低于进口压力,主要用于要求某一支路压力低于主油路压力的场合。

4. 液压辅助元件

(1) 油箱 主要作用是储油,向液压系统供油和接收回油,散发油液中的热量,释放混在油液中的气体,沉淀油液中的杂质。

(2) 过滤器 过滤油液中的杂质,保证油液清洁,系统管路畅通,液压元件工作正常。

(3) 油管和管接头 油管的作用是连接液压元件和输送油液。油管种类很多,常见的有钢管、铜管、尼龙管、塑料管、橡胶管等,在实际使用中,应根据液压系统的工作压力、使用环境和安装位置选择。

管接头用于油管与油管、油管与液压元间之间的连接。

四、压力控制回路

液压基本回路是指由液压元件组成,用来完成特定功能的典型回路。常用基本回路按其功能不同分3种,即方向控制回路、压力控制回路、速度控制回路。

压力控制回路是利用压力控制阀来控制系统或系统某一支路的压力,以满足执行元件对力或力矩的要求。利用压力控制回路可实现调压(稳压)、减压、增压、卸荷、保压与平衡等各种控制。

(1) 调压回路 利用溢流阀的溢流保压作用或限压作用使系统整体或某一支路的压力保持恒定或超过某个值。在定量泵系统中,液压泵的供油压力可通过溢流阀来调节;在变量泵系统中,用安全阀来限制系统的最高压力,防止系统过载;系统在不同的工作时间内需要有不同的工作压力,可采用二级或多级调压回路。

(2) 减压回路 液压泵的输出压力是高压,而局部回路或支路要求低压时,可以采用减压回路,如机床液压系统中的定位、夹紧回路或液压元件的控制油路等,它们往往要求有比主油路较低的压力。减压回路较为简单,一般是在所需低压的支路上串接减压阀。采用减压回路虽能方便地获得某支路稳定的低压,但压力油经减压阀口时要产生压力损失。

(3) 增压回路 如果系统或系统的某一支油路需要压力较高,但压力油的流量又不大,而采用高压泵又不经济,或者根本就没有必要增设高压力的液压泵时,就常采用增压回路,这样不仅易于选择液压泵,而且系统工作较可靠,噪声小。增压回路中提高压力的主要元件是增压缸或增压器。

(4) 卸荷回路 液压回路工作循环中,在液压系统执行机构不工作时,使液压泵在无负荷情况下运转。卸荷会降低功率损耗,减少系统发热,延长液压泵和电机的使用寿命。

任务检测

根据图3-3-17汽车燃油供给系统示意图,分析燃油供给系统的液压工作过程。

图3-3-17 燃油供给系统组成

任务训练

一、判断题

(1) 常见的流量控制阀有节流阀、调速阀等。 ( )
(2) 液压附件包括油箱、储能器、滤清器、油管及压力表、密封件等。 ( )
(3) 整个液压系统密封的,液压油的很清洁,因此不必配置滤清装置。 ( )

二、选择题

(1) 汽车发动机燃烧室主要依靠( )。
A. 间隙密封　　　　B. 活塞环密封
C. 密封圈密封　　　D. 密封垫密封

(2) 汽车制动轮缸一般不设( )装置。
A. 密封　　　B. 排气　　　C. 防尘　　　D. 缓冲

评价反馈

1. 通过本任务的学习，你能否做到以下几点：
（1）能掌握工量具的使用。
能□　　　不确定□　　　不能□
（2）能正确说出燃油供给系统的液压工作原理。
能□　　　不确定□　　　不能□
（3）能掌握燃油供给系统中液压部件的工作原理。
能□　　　不确定□　　　不能□
（4）在教师的指导下，运用所学知识，通过查阅资料，了解汽车上还有那些液压系统？
能□　　　不确定□　　　不能□
2. 工作任务的完成情况：
（1）能否正确运用所学知识，完成任务内容：＿＿＿＿＿＿＿＿＿＿＿＿＿＿
（2）与他人合作完成的任务：＿＿＿＿＿＿＿＿＿＿＿＿＿＿＿＿＿＿＿＿＿
（3）在教师指导下完成的任务：＿＿＿＿＿＿＿＿＿＿＿＿＿＿＿＿＿＿＿＿
3. 你对本次任务的建议：＿＿＿＿＿＿＿＿＿＿＿＿＿＿＿＿＿＿＿＿＿＿＿

任务4　汽车典型液压助力系统分析

任务目标

□能说出液压助力泵的组成及作用。
□能分析汽车液压助力转向系统的工作原理和系统结构。

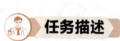

建议学时　4

任务描述

液压助力转向系统组成

液压传动与机械传动、电气传动相比，在汽车各方面的应用有着许多突出的优点，在汽车上的应用也越来越广泛，如液压动力转向系统、汽车液压制动系统、液压制动系统、汽车悬架系统等。

想一想　当转动转向盘时，汽车能按照驾驶员的意愿转向。那么，在这一动作的瞬间，到底是哪些部件在起作用？

学习过程

一、液压式动力转向装置的分类

1. 常压式液压动力转向系统

常压式液压动力转向系统如图3-4-1所示，无论转向盘处于中

纯电动汽车电动助力转向系统组成

液压转向系统与转向原理

立位置还是转向位置,也无论转向盘保持静止还是运动状态,系统工作管路总是保持高压。

2. 常流式液压动力转向系统

常流式液压助力转向系统特点,如图3-4-2所示。转向油泵始终处于工作状态,但液压助力系统不工作时,基本处于空转状态。由于机构简单,转向油泵寿命长,泄露少,而且消耗功率也比较少,故应用较为广泛。

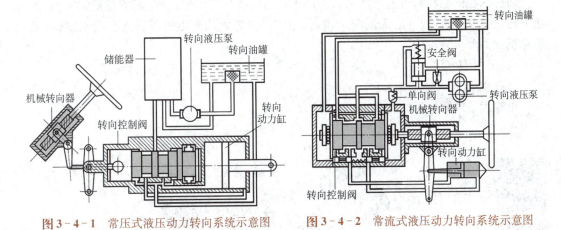

图3-4-1　常压式液压动力转向系统示意图　　图3-4-2　常流式液压动力转向系统示意图

二、液压式动力转向系的工作原理

如图3-4-3所示,中间位置时(方向盘不转动时),油泵来的油经转向器内部回油箱。

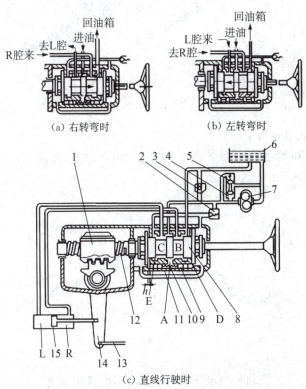

图3-4-3　常流式液压动力转向器工作原理

动力转向时，油泵来的油经随动阀进入摆线针轮啮合副（计量马达），推动转子跟随方向盘转动，视方向盘转向转角的大小，定向、定量地将液压油压入油缸的左腔或右腔，推动导向轮实现动力转向。油缸另一侧的油经随动阀回油箱。当发动机熄火时，靠人力操作方向盘，通过转向器内的阀芯、拨销、联动轴驱动计量马达的转子转动，计量马达将液压油压入油缸，推动导向轮实现人力转向。

油缸两腔的容积差可通过回油口由油箱补给。转向器用于重型、速度较低的车辆，为防止方向盘打手，设计成开心无反应结构，作用在导向轮上的外力传不到方向盘上，驾驶员无道路感觉。

三、动力转向器

1. 齿轮齿条式液压动力转向器

齿轮齿条式转向器如图 3-4-4 所示。

齿轮齿条式转向器结构

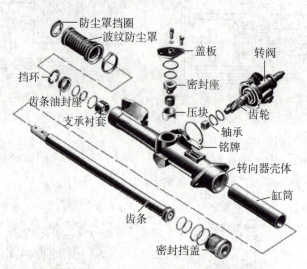

图 3-4-4　齿轮齿条式液压动力转向器

2. 循环球式动力转向器

循环球式动力转向器由循环球式的机械转向器、动力缸、转阀式转向控制阀、行程卸荷阀、部分管路等组成，如图 3-4-5 所示。

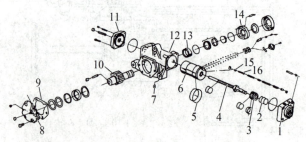

循环球式转向器拆解安装

图 3-4-5　循环球式汽车动力转向器

转向控制阀的作用是控制转向液压油的流向、实现转向助力。当汽车转向到一定角度时，活塞运动到某一位置，卸荷阀打开，使活塞上下腔室相通，齿条活塞上下压差降低，从而降低转向器各元件上的负荷。排气系统在转向器靠近输入轴一方装有排气螺钉7,用于排除液压缸中的空气,并且此螺钉孔与回油道相通。

四、转向液压泵

转向液压泵的作用是将发动机输入的机械能转化为液压能向外输出,其结构如图3-4-6所示。

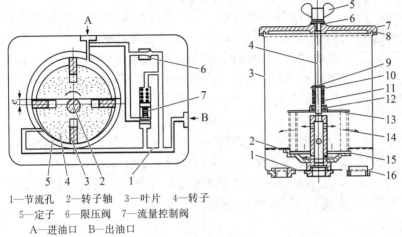

1—节流孔　2—转子轴　3—叶片　4—转子
5—定子　6—限压阀　7—流量控制阀
A—进油口　B—出油口

图3-4-6　叶片式液压泵示意图　　图3-4-7　储油罐

五、储油罐

储油罐的作用是储存滤清并冷却液压动力转向装置的工作油,其结构如图3-4-7所示。

六、转向控制阀

1. 滑阀式转向控制阀

阀体沿轴向移动来控制油液流量的转向控制阀,称为滑阀式转向控制阀(滑阀),如图3-4-8所示。

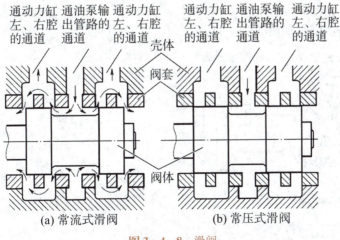

(a) 常流式滑阀　　(b) 常压式滑阀

图3-4-8　滑阀

2. 转阀式转向控制阀

通过阀体绕其轴线转动来控制油液流量的转向控制阀,称为转阀式转向控制阀,简称转阀,如图3-4-9所示。

七、电子控制动力转向系统简介

1. 电控液力式动力转向系统

电控液力式动力转向系统结构如图3-4-10所示。

(1) 停车与低速状态 电子控制单元(ECU)使电磁阀通电,电流大。经分流阀分流的油液通过电磁阀流回油箱,柱塞受到的背压小(油压低),柱塞推动控制阀阀杆的力矩小,因此只需要较小的转向力就可使扭杆扭转变形,使阀体与阀杆发生相对转动而使控制阀打开。油泵输出油压作用到动力缸右室(或左室),使动力缸活塞左移(或右移),产生转向助力。

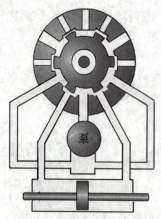

图3-4-9 转阀的结构示意图

(2) 中高速直行状态 车辆直行时,转向偏摆角小,扭杆相对转矩小,控制阀油孔开度减小,控制阀侧油压升高。由于分流阀的作用,使电磁阀侧油量增加。

(3) 中高速转向状态 在存在油压反力的中高速直行状态转向时,扭杆的扭转角进一步减小,控制阀开度也进一步减小,控制阀侧油压则进一步升高。

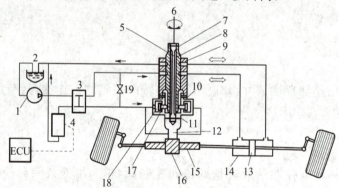

图3-4-10 电控液力式动力转向系统的组成

2. 电动动力转向系统

电动动力转向系统,如图3-4-11所示。

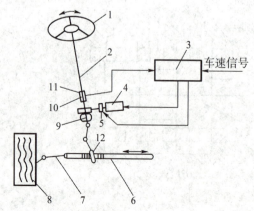

图3-4-11 电动动力转向系统的组成

1—转向盘 2—输入轴(转向轴) 3—电子控制单元 4—电动机 5—电磁离合器 6—转向齿条 7—转向横拉杆 8—轮胎 9—输出轴 10—扭力杆 11—转矩传感器 12—转向齿轮

任务实施

分析液压制动传动装置

一、液压式制动传动装置的组成

如图3-4-12所示,液压式制动传动装置由制动踏板、推杆、制动主缸、制动油罐、制动轮缸、油管、制动开关、指示灯、比例阀等组成。串联式双腔制动主缸主要由制动油罐、制动主缸外壳、前活塞、后活塞以及前后活塞弹簧、推杆、皮碗等组成。制动轮缸的作用是将制动主缸传来的液压力转变为使制动蹄张开的机械推力。

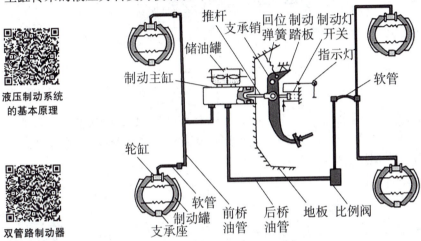

图3-4-12 液压式制动传动装置的组成

二、液压式制动传动装置的类型

液压式制动装置分为前后独立式、交叉式两种,如图3-4-13和图3-4-14所示。

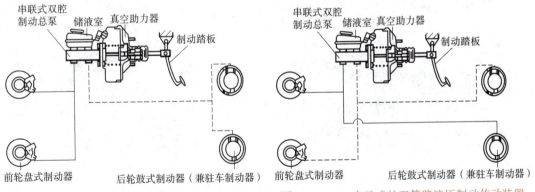

图3-4-13 前后独立式双管路液压制动传动装置　　图3-4-14 交叉式的双管路液压制动传动装置

三、液压式制动传动装置主要部件

1. 制动主缸　主缸的结构如图3-4-15所示。不制动时,两活塞前部皮碗均遮盖不住其旁通孔,制动液由储液罐进入主缸。正常状态下制动时,操纵制动踏板,经推杆推动后活塞左移,在其皮碗遮盖住旁通孔。后腔制动液压力升高,制动液一方面经出油阀流入制动管路,另一方面推动前活塞左移。解除制动时,抬起制动踏板,活塞在弹簧作用下复位,高压制动液自制动管路流回制动主缸。

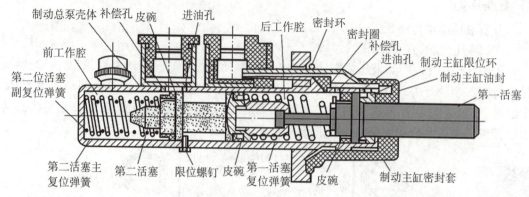

图 3-4-15 串联式双腔制动主缸

2. 制动轮缸

制动轮缸的作用是将制动主缸传来的液压力转变为使制动蹄张开的机械推力。其结构如图 3-4-16 所示。常见的制动轮缸类型有双活塞式（图 3-4-17）、单活塞式、阶梯式。其工作过程如图 3-4-18 所示。

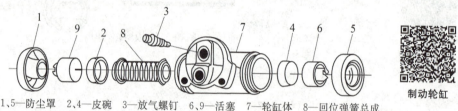

1、5—防尘罩 2、4—皮碗 3—放气螺钉 6、9—活塞 7—轮缸体 8—回位弹簧总成

图 3-4-16 双活塞制动轮缸的分解图

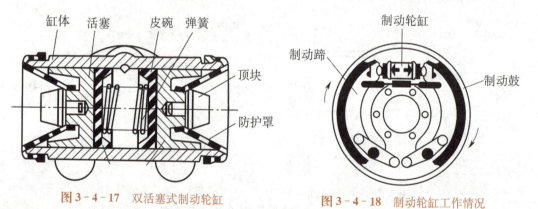

图 3-4-17 双活塞式制动轮缸　　　图 3-4-18 制动轮缸工作情况

● **任务检测**

1. 液压式制动传动装置的组成有哪些？
2. 简述串联式双腔制动主缸的工作原理。
3. 写出液压转向系统的工作流程。

4. 写出液压制动系统的工作流程。

评价反馈

1. 通过本任务的学习,你能否做到以下几点:
(1) 能否了解汽车液压泵的组成。
能□　　　　　　　不确定□　　　　　　　不能□
(2) 能否掌握液压转向系统的工作原理。
能□　　　　　　　不确定□　　　　　　　不能□
(3) 能否掌握液压制动系统的工作原理。
能□　　　　　　　不确定□　　　　　　　不能□
(4) 在教师的指导下,运用所学知识,通过查阅资料,写出汽车上液压系统的工作原理。
能□　　　　　　　不确定□　　　　　　　不能□
2. 工作任务的完成情况:
(1) 能否正确运用工具,完成任务内容:＿＿＿＿＿＿＿＿＿＿＿＿＿
(2) 与他人合作完成的任务:＿＿＿＿＿＿＿＿＿＿＿＿＿
(3) 在教师指导下完成的任务:＿＿＿＿＿＿＿＿＿＿＿＿＿
3. 你对本次任务学习的建议:＿＿＿＿＿＿＿＿＿＿＿＿＿

任务5　拆装汽车转向系统

任务目标

□熟练掌握转向系统的拆卸与安装。
□能检查与调整转向系统各组成部分。

建议学时　4

任务描述

汽车转向系统一直是汽车领域重点考虑的,直接关乎汽车驾驶的安全性与舒适性。传统的机械式转向系统是目前电动液压助力转向系统和电动助力转向系统研究、检测的基础。本任务通过转向系统的拆装,进一步直观理解本项目学习的机械知识。

学习过程

一、转向系统概述

汽车能够顺利转向,需要解决两个基本问题:一是汽车转向时,所有车轮须绕着一个转向中心转动;二是必须合理地增大作用在转向盘上的力矩,从而让驾驶员能够较轻松地实现汽车转向。

1. 转向系统的功能

用来改变或保持汽车行驶方向的机构称为汽车转向系统。通过一套专设的机构，使汽车转向桥（一般是前桥）上的车轮（即转向轮）相对于汽车纵轴线偏转一定角度。直线行驶时，往往转向轮也会受到路面侧向干扰力的作用，自动偏转而改变行驶方向，也可以利用这套机构使转向轮向相反的方向偏转，恢复原来的行驶方向。汽车转向系统的功能就是按照驾驶员的意愿控制汽车的行驶方向。

2. 转向系统的类型

按能源的不同，汽车转向系统可分为机械转向系统和动力转向系统。机械转向系统以驾驶员的体力为转向能源，所有的传力件都是机械零件。它由转向操纵机构、转向器和转向传动机构3大部分组成。转向操纵机构的主要组成部分是方向盘、转向轴、转向管柱，主要功能是将驾驶员转动转向盘的力传递给转向器；转向器是一组齿轮，功能是将旋转运动转变为直线运动（或近似直线运动），同时也是转向系中的减速传动装置。最常见的转向器主要有齿轮齿条式、循环球曲柄指销式、蜗杆曲柄指销式、循环球-齿条齿扇式、蜗杆滚轮式等。

动力转向系统兼用驾驶员的体力和发动机（或电动机）动力为转向能源，其转向系统中需要增加动力转向装置。如图3-5-1所示，液压式动力转向系统由机械转向系（转向操纵机构、转向器和转向传动机构）和液压助理装置两大部分。液压助力转向装置是用来提供改变或保持汽车行驶或倒退方向的力，由储油罐、液压助力泵、油管、控制阀、转向器液压泵和活塞等部件构成。

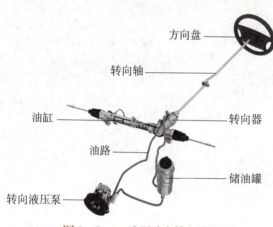

图3-5-1　液压动力转向系统

二、转向器

1. 转向器功用

增大转向盘传到转向节的力，并改变力的传递方向，减速增扭。

2. 转向器类型

按力传动的可逆性及构造不同，机械转向器可分为可逆式转向器、极限可逆式转向器、不可逆式转向器。

在现代汽车上，广泛采用的是可逆式转向器，主要包括齿轮齿条式转向器和循环球式转向器。

（1）齿轮齿条式转向器　现代轿车采用最多的转向系统，由转向操纵机构（方向盘）、转向器、转向传动机构、转向助力机构等组成，通过壳体两端的螺栓固定在副车架上。主要由中间输入两端输出式和中间输入中间输出式两种。其基本结构是一对相互啮合的小齿轮和齿条。转向轴带动小齿轮旋转时，齿条便做直线运动。借助横拉杆推动或拉动转向节，使前轮实现转向。

① 中间输入两端输出式：转动转向盘，转向齿轮11旋转，通过齿轮和齿条4的啮合，使

齿条左右移动;通过左右横拉杆以及左右梯形臂,拉动转向节,使转向节带动车轮绕主销偏转,以实现汽车转向,如图 3-5-2 所示。其中,转向齿轮轴 11 是传动副主动件,转向齿条 4 是传动副从动件。

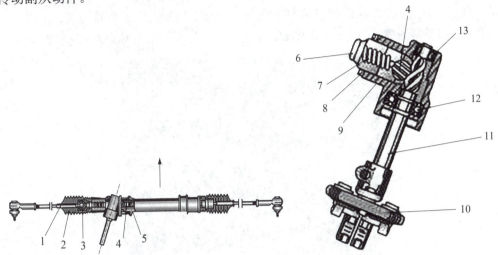

1—转向横拉杆　2—防尘套　3—球头座　4—转向齿条　5—转向器壳体　6—调整螺塞　7—补偿弹簧　8—锁紧螺母　9—压板　10—万向节　11—转向齿轮轴　12—向心球轴承　13—滚针轴承

图 3-5-2　中间输入,两端输出式

② 中间输入中间输出式:其结构及工作原理与两端输出的齿轮齿条式转向器基本相同,不同之处在于,它在转向齿条的中部用螺栓 6 与左右转向横拉杆 7 相连。在单端输出的齿轮齿条式转向器上,齿条的一端通过内外托架与转向横拉杆相连,如图 3-5-3 所示。

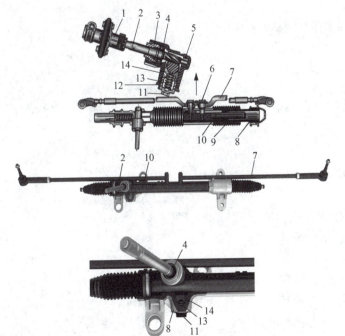

1—万向节叉　2—转向齿轮轴　3—调整螺母　4—向心球轴承　5—滚针轴承　6—固定螺栓　7—转向横拉杆　8—转向器壳体　9—防尘套　10—转向齿条　11—调整螺塞　12—锁紧螺母　13—补偿弹簧　14—压板

图 3-5-3　中间输入,中间输出式

(2) 循环球式转向器 如图3-5-4所示,也是目前国内外汽车上应用较多的一种结构形式,也称为齿条齿扇式转向器两级传动副:一级螺杆螺母传动,二级齿条(转向螺母)齿扇传动。转向螺母既是一级传动的从动件又是二级传动的主动件。二者的螺纹并不直接接触,其间装有多个钢球,以实现滚动摩擦。转向螺杆和螺母上都加工出断面轮廓为两段或三段不同心圆弧组成的近似半圆的螺旋槽。二者的螺旋槽能配合形成近似圆形断面的螺旋管状通道。

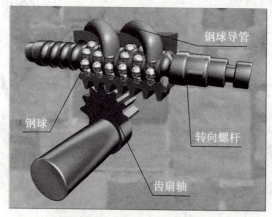

图3-5-4 循环球式转向器

想一想

1. 极限可逆式转向器有哪些种类,其结构和工作原理是什么?

2. 不可逆式转向器有哪些种类,其结构和工作原理是什么?

三、转向系统的原理

若使汽车转向,须两侧转向轮同向偏转,两转向轮分别绕各自的转向主销转动。两侧转向轮偏转行驶时形成一个转向中心,即汽车的4个车轮均绕着一个点转动,汽车转动一圈可以回到原地,这就是实现汽车顺利转向的基本条件。

1. 齿轮齿条式转向系统

如图3-5-5所示,转向盘与转向柱相连,转动转向盘时,转向柱便跟着转动。通过转向节和转向中间轴,转向力矩传递至转向器的输入轴。输入轴的转动被齿轮齿条式转向器转换为往复运动或直线运动,推动或拉动转向杆系及转向节,使转向轮(前轮)偏转一定角度。转向器将旋转运动转化为直线运动(或近似直线运动),同时起到减速增矩作用。

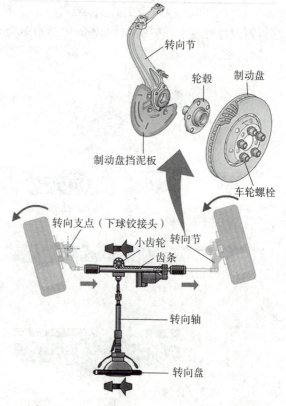

图3-5-5 齿轮齿条式转向系统的工作原理

2. 液压动力转向系统

液压动力转向系统工作灵敏度高,结构紧凑,外廓尺寸较小,工作时无噪声,工作滞后时间段,而且能吸收来自不平路面的冲击。按液流形式可分为常流式和常压式;按转向控制阀的运动方式又可以分为滑阀式和转阀式。

3. 电控液压助力转向系统

电控液压助力转向系统(EPHS)的组成如图 3-5-6 所示。该系统克服了传统液压助力转向系统的缺点,其转向助力泵不再靠发动机传动带驱动,而是采用电动机来驱动。电子控制单元根据车辆的行驶速度、转向角速度来调节电动机的转速和由此产生的转向油流量,使转向助力力矩连续可调,从而满足高、低速时的转向助力力矩要求。

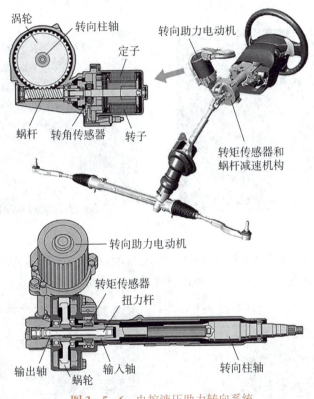

图 3-5-6 电控液压助力转向系统

任务实施

活动一 转向盘和转向柱管的装配与调整

1. 总成装配顺序

转向机构分为方向盘总成、转向管柱带芯轴总成及转向万向节总成,装配时只需将相应的总成连成一体即可。

步骤1:将转向万向节总成与转向管柱带芯轴总成通过螺栓连接起来,万向节下焊接叉与转向机输入轴相连。

步骤2:将转向管柱通过上、下柱管支架固定在车身上。

步骤3:使车辆两前轮保持在直线行驶的位置,然后将方向盘套入转向芯轴上端并对正,拧上方向盘螺母,并以规定力矩拧紧即可。

步骤4:将转向器锁壳体固定到转向柱管上。注意,按事先装配试装后点火锁芯与组合开关护罩配合高度,调整锁壳与管柱的相对高度。

步骤5:喇叭导线及安全气囊插接片与接触板连接可靠,喇叭盖与本体间隙均匀、连接可靠。

2. 转向柱的拆装

步骤1:拆下方向盘。

步骤2:拆下组合开关的饰盖和组合开关。

步骤3:拆下左边仪表板下饰板。

步骤4:松开上十字节与方向机的固定螺栓,如图3-5-7所示。

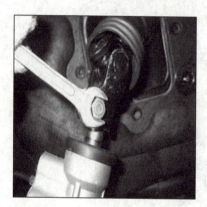

图3-5-7　松开上十字节与方向机的固定螺栓

步骤5:用套筒松下转向柱与车身的4颗固定螺栓,如图3-5-8所示。

步骤6:用套筒松开转向柱与仪表板内骨架的固定螺母,如图3-5-9所示。

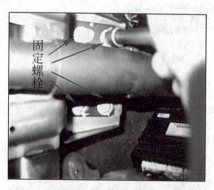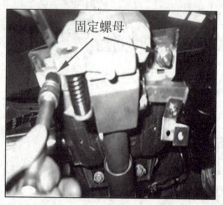

图3-5-8　松下转向柱与车身的4颗固定螺栓　图3-5-9　松开转向柱与仪表板内骨架的固定螺母

步骤7:放下转向柱,向后拉出转向柱,如图3-5-10所示。

活动二　转向器的安装

步骤1:拆掉空气滤清器。

步骤2：松开转向器上的进出油管螺栓，如图3-5-11所示。

图3-5-10　拉出转向柱　　　图3-5-11　松开转向器上的进出油管螺栓

步骤3：松开方向机与万向节的固定螺栓。
步骤4：松开方向机左右横拉杆外球头螺栓，如图3-5-12所示。
步骤5：拆下前端排气管与发动机排气歧管的固定螺栓，如图3-5-13所示。

 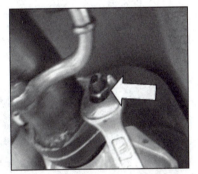

图3-5-12　松开方向机左右横拉杆外球头　　图3-5-13　拆下前端排气管与发动机排
　　　　　　螺栓　　　　　　　　　　　　　　　　气歧管的固定螺栓

步骤6：松开前端排气管与三元催化器的固定螺栓，如图3-5-14所示，并松开前氧传感器插头，取下排气管。

图3-5-14　松开前端排气管与三元催化器的固定螺栓

步骤7:松开前后避震器支架、发动机托架和左右摆臂与羊角的固定螺栓,如图3-5-15所示。

图3-5-15 松开前后避震器支架固定螺栓

图3-5-16 松开转向器上的固定螺栓和螺母

步骤8:松开转向器上的固定螺栓和固定螺母,拆下转向器,如图3-5-16所示。

活动三 拆卸和安装方向盘

步骤1:拆下安全气囊单元。移动方向盘/车轮至正前方位置,松开螺栓并拆下方向盘,如图3-5-17所示。

步骤2:移动车轮至正前位置,安装方向盘,方向盘和转向轴上的标记必须对齐,如图3-5-18所示。拧紧螺母。

图3-5-17 松开螺栓并拆下方向盘

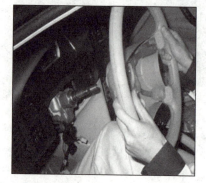
图3-5-18 方向盘和转向轴上的标记对齐

任务检测

1. 根据上述步骤拆装转向器。
2. 根据上述步骤装配与调整方向盘和转向柱管。

任务训练

1. 根据上述步骤拆装动力转向器。
2. 检查动力转向系统转向液罐油液的检查。

评价反馈

1. 通过本任务的学习,你能否做到以下几点:
(1) 了解转向系统的作用。
能□　　　　　　　不确定□　　　　　　　不能□
(2) 掌握液压动力转向系统的组成。
能□　　　　　　　不确定□　　　　　　　不能□
(3) 能根据维修手册,拆装动力转向器。
能□　　　　　　　不确定□　　　　　　　不能□
(4) 在教师的指导下,运用所学知识,通过查阅资料,了解转向系统其他类型。
能□　　　　　　　不确定□　　　　　　　不能□
2. 工作任务的完成情况:
(1) 能否正确拆装工具,完成任务内容:_____
(2) 与他人合作完成的任务:_____
(3) 在教师指导下完成的任务:_____
3. 你对本次任务的建议:_____

项目四

{ 汽车机械基础 }

汽车传动结构应用

齿轮是指轮缘上有齿轮连续啮合传递运动和动力的机械元件,是机器、仪器中使用最多的传动零件,尤其是渐开线圆柱齿轮的应用更为广泛。齿轮传动的典型应用是汽车手动变速器,本项目重点学习传动比的计算和手动变速器的拆装。

学习目标

1. 能正确描述齿轮的结构和类型。
2. 能正确描述轮系的分类和功用。
3. 认识直齿圆柱齿轮的结构和基本参数,会计算标准直齿圆柱齿轮几何尺寸。
4. 能计算定轴轮系的传动比。
5. 能计算周转轮系的传动比。
6. 能举例描述齿轮传动在变速器中的应用。
7. 能举例说明汽车齿轮的材料的选择和注意事项。
8. 了解汽车齿轮的失效形式。
9. 能正确使用常用拆装工具,拆卸、装配变速器的,能说出拆装的注意事项。
10. 能按照作业规程,在任务完成后清理现场。
11. 能操作典型加工操作,正确填写项目验收单。

 建议学时 18 学时

任务1　认识齿轮传动

任务目标

- □ 了解齿轮的结构和类型。
- □ 能描述轮系的分类和功用。
- □ 掌握汽车齿轮基本参数。
- □ 能够计算标准直齿圆柱齿轮几何尺寸。

建议学时　4

任务描述

齿轮在机械传动及整个机械领域中的应用极其广泛。根据齿轮的用途合理选用,是我们必须了解和掌握的。

想一想　渐开线直齿圆柱齿轮是最常用齿轮之一。其各部分名称是什么?几何尺寸如何计算?在啮合传动中有何特点和条件?

学习过程

一、齿轮的结构和类型

1. 按齿轮直径分类

按齿轮直径分为4种,如图4-1-1所示。

　　(a) 齿轮轴　　　(b) 实体式齿轮　　(c) 腹板式齿轮　　(d) 轮辐式齿轮

图4-1-1　齿轮的类型

2. 按轮齿齿廓曲线形状分类

(1) 渐开线齿轮　一直线在圆周上纯滚动,该直线上任一点的轨迹为该圆的渐开线。

(2) 圆弧齿轮　一段圆弧(简称母圆)沿着圆柱面上螺旋线(简称准线)运动而形成圆弧螺旋曲面。从法面内母圆称为法面圆弧齿轮,从端面上母圆称为端面圆弧齿轮。

(3) 摆线齿轮　一个圆沿一直线滚动,该圆上任一点的轨迹为摆线。

3. 齿轮传动的常用类型和应用

(1) 按齿轮副两传动轴的相对位置分类见表 4-1-1。

齿轮传动的类型

表 4-1-1　齿轮传动的类型

分类方法		类型	图例	应用
两轴平行	按轮齿方向分	直齿圆柱齿轮		适用于圆周速度较低的传动,尤其适用于变速箱的换挡齿轮
		斜齿圆柱齿轮		适用于圆周速度较高、载荷较大且要求结构紧凑的场合
		人字圆柱齿轮传动		适用于载荷大且要求传动平稳的场合

(续表)

分类方法		类型	图例	应用
两轴平行	按啮合类型分	外啮合齿轮传动		适用于圆周速度较低的传动,尤其适用于变速箱的换挡齿轮
		内啮合齿轮传动		适用于结构要求紧凑且效率较高的场合
		齿轮齿条传动		适用于将连续转动变换为往复移动的场合
两轴不平行	相交轴齿轮传动	锥齿轮传动		直齿圆锥齿轮适用于圆周速度较低、载荷小而稳定的场合
				曲齿圆锥齿轮适用于承载能力大、传动平稳、噪声小的场合
	交错轴齿轮传动	交错轴斜齿轮传动		适用于圆周速度较低、载荷小的场合
		蜗轮蜗杆传动		适用于传动比较大,且要求结构紧凑的场合

（2）按工作条件环境不同分类

① 开式齿轮传动：齿轮传动工作在敞开环境中，工作过程中容易落入灰尘；润滑不充分，齿轮容易磨损。故仅适用于简单机械或低速传动的场合。

② 半开式齿轮传动：齿轮外部安装有简易的防护罩，处于半敞开状态，多用于农业机械和建筑机械等。

③ 闭式齿轮传动：齿轮封闭在刚性箱体内，可提供充足的润滑并防止灰尘等杂物落入齿轮表面。重要的齿轮传动通常都采用闭式传动，如汽车的变速箱和驱动桥等。

二、轮系的分类和功用

轮系的分类和功用见表 4-1-2。

表 4-1-2 轮系的分类和功用

轮系的分类		图例	功用
定轴轮系	平面定轴轮系		主要应用于汽车手动变速器，实现大传动比的传动；实现变速、换向的传动 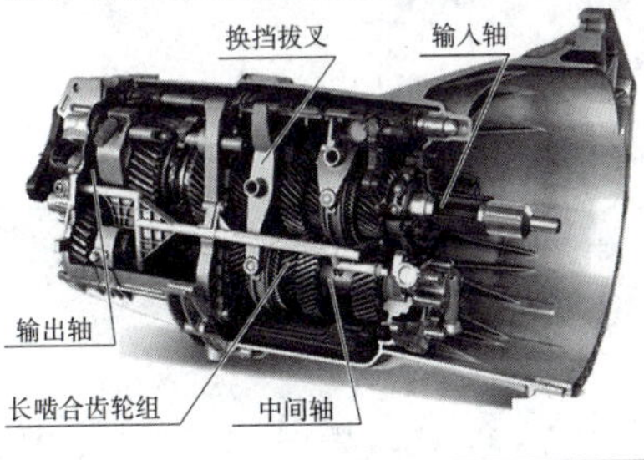
	空间定轴轮系		
行星轮系	差动轮系		主要应用于汽车自动变速器，实现运动的合成与分解 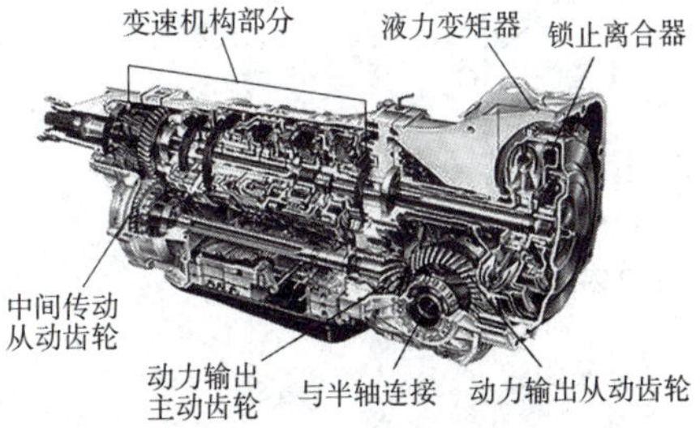
	行星轮系	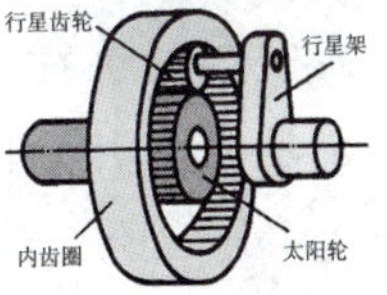	

4-5

(续表)

轮系的分类		图例	功用
混合轮系	混合轮系		主要应用于汽车差速器,实现多路传动

三、汽车齿轮基本参数

1. 渐开线的形成及性质

直线 L 与半径为 r_b 的圆相切,当直线沿该圆做纯滚动时,直线上任一点的轨迹即为该圆的渐开线。这个圆称为渐开线的基圆,而做纯滚动的直线 L 称为渐开线的发生线。渐开线的形成及特性:

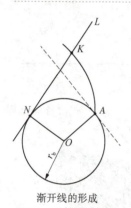

渐开线的形成

(1) 发生线在基圆上滚过的一段长度等于基圆上相应被滚过的一段弧长,即 $\overline{KN} = \overset{\frown}{AN}$。

(2) 因 N 点是发生线沿基圆滚动时的速度瞬心,故发生线 KN 是渐开线 K 点的法线。又因发生线始终与基圆相切,所以渐开线上任一点的法线必与基圆相切。

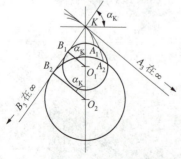

基圆大小与渐开线形状的关系

(1) 发生线与基圆的切点 N 即为渐开线上 K 点的曲率中心,线段 $\overline{KN}$ 为 K 点的曲率半径。随着 K 点离基圆愈远,相应的曲率半径愈大;而 K 点离基圆愈近,相应的曲率半径愈小。

(2) 渐开线的形状取决于基圆的大小。基圆半径愈小,渐开线愈弯曲;基圆半径愈大,渐开线愈趋平直。当基圆半径趋于无穷大时,渐开线便成为直线。所以渐开线齿条(直径为无穷大的齿轮)具有直线齿廓。

(3) 渐开线是从基圆开始向外逐渐展开的,故基圆以内无渐开线。

2. 渐开线标准直齿圆柱齿轮各部分名称和几何尺寸计算

图 4-1-2 所示为渐开线标准直齿圆柱齿轮的一部分。为了使齿轮在两个方向都能传动，轮齿两侧齿廓由形状相同、方向相反的渐开线曲面组成。渐开线标准直齿圆柱齿轮基本参数见表 4-1-3，标准模数系列见表 4-1-4。

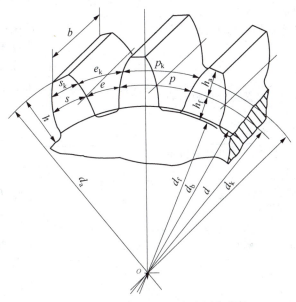

图 4-1-2　渐开线标准直齿圆柱齿轮

表 4-1-3　渐开线标准直齿圆柱齿轮基本参数

参数名称	参数说明	代号	备注
齿顶圆	轮齿顶部所在的圆	半径 r_a 和直径 d_a	
齿根圆	轮齿根部所在的圆	半径 d_f 和直径 d_f	
齿槽与齿槽宽	相邻两轮齿间的空间部分称为齿槽。两侧齿廓在某一圆上的弧长称为齿槽宽	e_K	
齿厚	在任意直径 d_K 的圆周上，轮齿两侧齿廓之间的弧长称为该圆上的齿厚	s_K	
齿距	相邻两轮齿同侧齿廓在某一圆上的弧长为齿距	$p_K = s_K + e_K$ $p_K = \dfrac{\pi d_K}{z}$	z 为齿轮的齿数；d_K 为任意圆的直径
模数	齿距 $p_K = \dfrac{\pi d_K}{z}$ 含有无理数 π，这对齿轮的计算和测量都不方便。因此，规定比值 $\dfrac{p}{\pi}$ 等于整数或简单的有理数，并作为计算齿轮几何尺寸的一个基本参数。这个比值称为模数	$m = \dfrac{p}{\pi}$	单位为 mm，齿轮的其他主要几何尺寸都与 m 成正比。 为了便于齿轮的互换使用和简化刀具，齿轮的模数已经标准化。我国规定的模数系列见表 4-1-4

(续表)

参数名称	参数说明	代号	备注
分度圆	标准齿轮上齿厚和齿槽宽相等的圆称为齿轮的分度圆	$d=\dfrac{p}{\pi}z=mz$	分度圆上的齿厚以 s 表示；齿槽宽用 e 表示；齿距用 p 表示。分度圆压力角通常称为齿轮的压力角，用 α 表示。分度圆压力角已经标准化，常用的为 20°、15°等，我国规定标准齿轮 $\alpha=20°$
齿顶	轮齿上分度圆到齿顶圆间的实体部分		
齿顶高	齿顶的径向高度	$h_a=h_a^* m$	h_a^* 为齿顶高系数
齿根	轮齿上分度圆到齿根圆间的实体部分		
齿根高	齿根的径向高度	$h_f=(h_a^*+c^*)m$	h_a^* 和 c^* 分别称为齿顶高系数和顶隙系数，标准值按正常齿制和短齿制规定为： 正常齿：$h_a^*=1, c^*=0.25$ 短齿：$h_a^*=0.8, c^*=0.3$
全齿高	齿顶高与齿根高之和	$h=h_a+h_f$	
齿顶隙	一对齿轮啮合传动时，一齿轮齿顶圆圆周与另一齿轮齿根圆圆周间的径向距离。 顶隙的作用：避免顶撞、贮存润滑油	$c=c^* m$	

表 4-1-4 标准模数系列 (GB1357—1987)

第一系列	1	1.25	1.5	2	2.5	3	4	5	6	8	10
	12	16	20	25	32	40	50				
第二系列	1.75	2.25	2.75	(3.25)	3.5	(3.75)	4.5				
	5.5	(6.5)	7	9	(11)	14	18	22	28	36	45

注：① 本表适用于渐开线圆柱齿轮，对斜齿轮是指法面模数；
② 优先采用第一系列，括号内的模数尽可能不用。

3. 标准直齿圆柱齿轮各部分名称和主要参数

如图 4-1-3 所示，若一齿轮的模数、分度圆压力角、齿顶高系数、齿根高系数均为标准值，且其分度圆上齿厚与齿槽宽相等，则称为标准齿轮。因此，对于标准齿轮

$$s=e=\dfrac{p}{2}=\dfrac{\pi m}{2}。$$

标准直齿圆柱齿轮传动的参数和几何尺寸计算公式列于表 4-1-5。

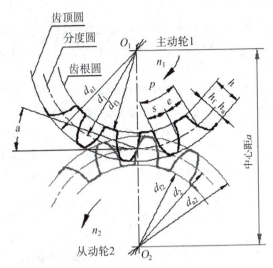

图 4-1-3　直齿圆柱齿轮各部分名称

表 4-1-5　标准直齿圆柱齿轮传动的参数和几何尺寸计算公式

名称	代号	外齿轮	内齿轮	齿条
齿数	z	根据工作要求确定		
模数	m	由轮齿的承载能力确定,并按表 4-1-4 取标准值		
压力角	α	$\alpha = 20°$		
分度圆直径	d	$d_1 = mz_1, d_2 = mz_2$		$d = \infty$
齿顶高	h_a	$h_a = h_a^* m$		
齿根高	h_f	$h_f = (h_a^* + c^*)m$		
齿全高	h	$h = h_a + h_f$		
齿顶圆直径	d_a	$d_{a1} = d_1 + 2h_a = m(z_1 + 2h_a^*)$ $d_{a2} = m(z_2 + 2h_a^*)$	$d_{a1} = d_1 - 2h_a = m(z_1 - 2h_a^*)$ $d_{a2} = m(z_2 - 2h_a^*)$	$d_a = \infty$
齿根圆直径	d_f	$d_{f1} = d_1 - 2h_f = m(z_1 - 2h_a^* - 2c^*)$ $d_{f2} = m(z_2 - 2h_a^* - 2c^*)$		$d_f = \infty$
分度圆齿距	p	$p = \pi m$		
分度圆齿厚	s	$s = \dfrac{1}{2}\pi m$		
分度圆齿槽宽	e	$e = \dfrac{1}{2}\pi m$		
基圆直径	d_b	$d_{b1} = d_1 \cos\alpha = mz_1 \cos\alpha$ $d_{b2} = mz_2 \cos\alpha$		$d_b = \infty$

提示

（1）齿轮传动的正确啮合条件　一对渐开线直齿圆柱齿轮传动时,为保证两齿轮能正确啮合,要满足以下两个条件:两个齿轮的模数($m_1=m_2=m$)和压力角($\alpha_1=\alpha_2=\alpha$)应分别相等。

(2)最少齿数 $Z_{\min}$ 为了齿轮加工过程中不发生根切现象,规定标准直齿圆柱齿轮的齿数不能少于17齿,即 $Z_{\min}=17$。如果实际工作中确定需要齿轮齿数少于17齿,必须采用变位齿轮。

(3)齿轮连续啮合条件 要保证齿轮能连续啮合传动,当前一对轮齿啮合时,后一对轮齿必须提前或至少同时到达开始啮合,这样传动才能连续进行。

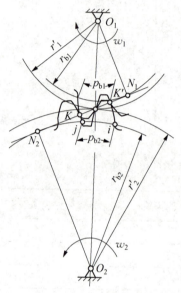

图4-1-4 渐开线齿轮啮合

知识链接 齿轮传动的标准中心距

当分度圆和节圆重合时,便可满足无侧隙啮合条件。安装时使分度圆与节圆重合的一对标准齿轮的中心距称为标准中心距,如图4-1-4所示:$a=r'_1+r'_2=r_1+r_2=\dfrac{m}{2}(z_1+z_2)$。

做一做 已知一标准直齿圆柱齿轮为主动轮,齿数 $z_1=20$,模数 $m=2$ mm,现需配一从动轮,要求传动比 $i=3.5$,试计算从动齿轮的主要尺寸及两轮的中心距。

解 根据传动比计算从动轮齿数 $z_2=iz_1=3.5\times20=70$。

从动轮主要尺寸:

分度圆直径　　　$d_2=mz_2=2\times70=140$(mm);

齿顶圆直径　　　$d_{a2}=m(z_2+2h_a^*)=2\times(70+2\times1)$
　　　　　　　　　　$=144$(mm);

齿根圆直径　　　$d_{f2}=d_2-2h_f=m(z_2-2h_a^*-2c^*)$
　　　　　　　　　　$=2\times(70-2\times1-2\times0.25)$
　　　　　　　　　　$=135$(mm);

基圆直径　　　　$D_{b2}=d_2\cos\alpha=140\times\cos20°=131.56$(mm);

齿距　　　　　　$p=\pi m=3.14\times2=6.28$(mm);

齿厚、齿槽宽　　$s=e=\dfrac{p}{2}=3.14$(mm);

全齿高　　　　　$h=h_a+h_f=m(2h_a^*+c^*)=2\times(2\times1+0.25)=4.5$(mm);

中心距　　　　　$a=\dfrac{1}{2}m(z_1+z_2)=\dfrac{1}{2}\times2\times(20+70)=90$(mm)。

任务实施

一对啮合的标准直齿齿轮(压力角≈20°,齿顶高系数 $h_a^*=1$,顶隙系数 $c^*=0.25$),齿数 $z_1=20$、$z_2=32$,模数 $m=10$,试计算各齿轮分度圆直径 d_1、d_2,齿顶圆直径 d_{a1}、d_{a2},齿根圆直径 d_{f1}、d_{f2},齿厚 s,基圆直径 d_{b1}、d_{b2},和两齿轮的中心距 a。(cos20°=0.94,$d=mz$,$d_a=m(z+2)$,$d_f=m(z-2.5)$,$s=\pi m/2$,$d_b=d\cos\alpha$,$a=d_1/2+d_2/2$)

解 (1)小齿轮:

分度圆直径　　$d_1 = m \times z_1 = 10 \times 20 = 200 \text{(mm)}$；
齿顶圆直径　　$d_{a1} = m(z_1 + 2) = 10 \times (20 + 2) = 220 \text{(mm)}$；
齿根圆直径　　$d_{f1} = m(z_1 - 2.5) = 10 \times (20 - 2.5) = 175 \text{(mm)}$；
基圆直径　　$d_{b1} = d_1 \cos\alpha = 200 \times \cos 20° = 188 \text{(mm)}$；
齿厚、齿槽宽　　$s = \pi m/2 = 3.14 \times 10/2 = 15.7 \text{(mm)}$。
(2) 大齿轮：
分度圆直径　　$d_2 = m \times z_2 = 10 \times 32 = 320 \text{(mm)}$；
齿顶圆直径　　$d_{a2} = m(z_2 + 2) = 10 \times (32 + 2) = 340 \text{(mm)}$；
齿根圆直径　　$d_{f2} = m(z_2 - 2.5) = 10 \times (32 - 2.5) = 295 \text{(mm)}$；
基圆直径　　$d_{b2} = d_2 \cos\alpha = 200 \times \cos 20° = 301 \text{(mm)}$；
齿厚、齿槽宽　　$s = \pi m/2 = 3.14 \times 10/2 = 15.7 \text{(mm)}$。
(3) 中心距离：$a = d_1/2 + d_2/2 = (d_1 + d_2)/2 = (200 + 320)/2 = 260 \text{(mm)}$。

任务训练

1. 已知一对标准直齿圆柱齿轮传动的参数为：$m = 3 \text{mm}$，小齿轮的齿数 $z_1 = 24$，大齿轮的齿数 $z_2 = 56$，$h_a^* = 1$，$c^* = 0.25$，试计算：
(1) 两个齿轮的分度圆直径 d_1、d_2；
(2) 两个齿轮的齿顶圆直径 d_{a1}、d_{a2}；
(3) 齿轮传动的标准中心距 a。
2. 什么是齿轮的模数？模数的大小对齿轮有何影响？
3. 模数反映了齿轮轮齿的大小，模数越大，轮齿就越大，承载能力也就＿＿＿＿＿＿＿＿＿＿＿＿。
4. 渐开线齿轮的齿廓形状取决于＿＿＿＿＿＿＿＿＿＿＿＿。
5. 渐开线齿轮齿廓上任意点的法线都与＿＿＿＿＿＿＿＿＿＿＿＿相切。

能力拓展

某机床主轴箱的一对的标准直齿圆柱齿轮，已知小齿轮的齿数 $z_1 = 20$，大齿轮的齿数 $z_2 = 60$，标准中心距 $a = 160 \text{mm}$，$h_a^* = 1$，$c^* = 0.25$，试计算：
(1) 齿轮的模数 m；
(2) 两个齿轮的分度圆直径 d_1、d_2；
(3) 两个齿轮的齿顶圆直径 d_{a1}、d_{a2}。

评价反馈

1. 通过本任务的学习，你能否做到以下几点：
(1) 掌握齿轮的结构和类型。
能□　　　　不确定□　　　　不能□
(2) 掌握轮系的分类和功用。
能□　　　　不确定□　　　　不能□

(3) 根据渐开线标准直齿圆柱齿轮基本参数,计算渐开线标准直齿圆柱齿轮几何尺寸。
能□　　　　不确定□　　　　　　不能□
(4) 在教师的指导下,运用所学知识,通过查阅资料,熟练计算标准直齿圆柱齿轮几何尺寸。
能□　　　　不确定□　　　　　　不能□
2. 工作任务的完成情况:
(1) 能否正确运用标准直齿圆柱齿轮几何尺寸的参数计算公式,完成任务内容:_____
(2) 与他人合作完成的任务:_____
(3) 在教师指导下完成的任务:_____
3. 你对本次任务的建议:_____

任务 2　轮系传动比计算

任务目标

□能计算定轴轮系的传动比。
□能计算周转轮系的传动比。

建议学时　4

任务描述

由一对齿轮组成的机构是齿轮传动的最简单形式。但在机械中,往往需要把多个齿轮组合在一起,形成一个传动装置,来满足传递运动和动力的要求。这种由一系列齿轮组成的传动系统,称为轮系。本节主要讨论轮系的传动比计算和转向的确定,并简要介绍轮系的应用。

想一想　一对齿轮在传递运动时,可获得的传动比有限,一般在 10 以下。并且当两轴中心距较大时,如果还采用一对齿轮,那么齿轮要做的比较大,占用较大的空间,结构不合理。此时如果还需要采用齿轮传动,那么可以考虑采用哪种传动方式?图 4-2-1 所示为汽车变速器。

图 4-2-1　汽车变速器

传动系统
布置形式

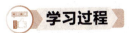

一、轮系的主要功用

（1）获得很大的传动比　很多机械要求有很大的传动比。机床中的电动机转速很高，而主轴的转速要求很低才能满足切削要求，一对齿轮的传动比只能达到3~6，若采用轮系就可以达到很大的传动比。

（2）较远距离的传动　当两轴中心距较远时，若仅用一对齿轮传动，势必将齿轮做得很大，结构不合理，而采用轮系传动则结构紧凑、合理。

（3）变速、变向　一般机器为了适应各种工作需要，多采用轮系组成各种机构，使转速多级变换，并能改变转动方向。

（4）合成或分解运动　采用周转轮系可以将两个独立运动合成一个运动，或将一个运动分解为两个独立运动。

二、轮系的分类

1. 定轴轮系

当轮系运转时，轮系中各个齿轮的几何轴线都是固定的，这种轮系称为定轴轮系，或称为普通轮系。

（1）平面定轴轮系　由轴线相互平行的齿轮组成的定轴轮系。

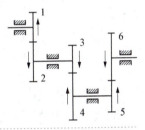

（2）空间定轴轮系　包含有相交轴齿轮、交错轴齿轮传动等在内的定轴轮系。

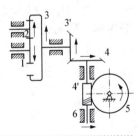

2. 周转轮系

轮系运转时，至少有一个齿轮的几何轴线是绕其他齿轮固定几何轴线转动的轮系，称为动轴轮系或周转轮系。

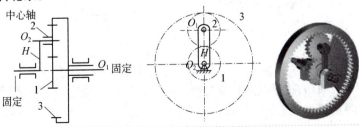

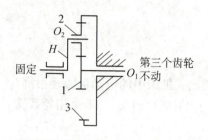

(1) 差动轮系　机构自由度为 2 的周转轮系。
(2) 简单周转轮系　机构自由度为 1 的周转轮系。

3. 复合轮系

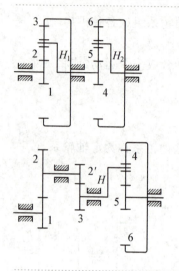

轮系中既包含定轴轮系，又包含周转轮系，或者包含几个周转轮系。

(1) 两个周转轮系串联在一起的复合轮系。

(2) 由定轴轮系和周转轮系串联在一起的复合轮系。

知识链接　如图 4-2-2 所示的周转轮系，齿轮 2 空套在构件 H 的小轴上，当构件 H 定轴转动时，齿轮 2 一方面绕自己的几何轴线 O_1O_1 转动（自转），同时又随构件 H 绕固定的几何轴线 OO 转动（公转）。犹如天体中的行星，兼有自转和公转，故把具有运动几何轴线的齿轮 2 称为行星轮，用来支持行星轮的构件 H 称为行星架或系杆，与行星轮相啮合且轴线固定的齿轮 1 和 3 称为中心轮或太阳轮。行星架与中心轮的几何轴线必须重合，否则不能转动。

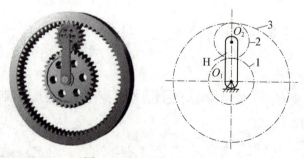

图 4-2-2　行星齿轮传动

三、定轴轮系传动比的计算

轮系中两齿轮（轴）的转速或角速度之比，称为轮系的传动比。求轮系的传动比不仅要计算它的数值，而且还要确定两轮的转向关系。

1. 一对齿轮的传动比

最简单的定轴轮系由一对齿轮组成，其传动比为

$$i_{12} = \frac{n_1}{n_2} = \pm \frac{z_2}{z_1},$$

齿轮传动比

式中，n_1、n_2 分别表示两轮的转速；z_1、z_2 分别表示两轮的齿数。

外啮合圆柱齿轮传动，两轮转向相反，上式取"－"号，如图 4-2-3 所示，所以其传动比的数值为负，即 $i_{12} < 0$；内啮合圆柱齿轮传动，两轮转向相同，上式取"＋"号，如图 4-2-4 所示，所以其传动比的数值为正，即 $i_{12} > 0$。

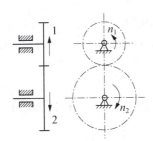

图 4-2-3　外啮合圆柱齿轮传动的转向关系

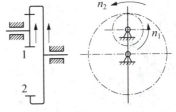

图 4-2-4　内啮合圆柱齿轮传动的转向关系

两个齿轮的转向关系还可以用标注箭头的方法来确定。首先要在机构运动简图上标注箭头，以表示轮系中两个齿轮的转动方向，然后根据箭头的方向来确定齿轮的转向关系。

提示　对于一对圆柱齿轮传动来说，两个齿轮的转动方向不是相同就是相反，这取决于两个齿轮啮合方式。既要确定传动比的大小，又要确定传动比的符号，才能完整地表达主动轮、从动轮之间的运动关系。

2. 定轴轮系传动比的计算

轮系的传动比是指轮系中的首轮与末轮的转速之比，用 $i_{AB} = \frac{n_A}{n_B}$，n_A 为首轮的转速，n_B 为末轮的转速。在定轴轮系中，从输入轴到输出轴间的运动是通过逐对啮合的齿轮依次传动来实现的。如图 4-2-5 所示的定轴轮系。设各轮的齿数为 z_1、z_2…，各轮的转速为 n_1、n_2… 则该轮系的传动比 i_{15} 可由各对啮合齿轮的传动比求出。该轮系中各对啮合齿轮的传动比分别为：

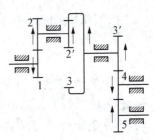

图 4-2-5　平面定轴轮系

(1) 齿轮 1 和齿轮 2 外啮合　　$i_{12} = \frac{n_1}{n_2} = -\frac{z_2}{z_1}$。

(2) 齿轮 $2'$ 和齿轮 3 内啮合　　$i_{2'3} = \frac{n_{2'}}{n_3} = +\frac{z_3}{z_{2'}}$。齿轮 2 和齿轮 $2'$ 为同轴齿轮，则 $n_2 = n_{2'}$。

(3) 齿轮 $3'$ 和齿轮 4 外啮合　　$i_{3'4} = \frac{n_{3'}}{n_4} = -\frac{z_4}{z_{3'}}$。齿轮 3 和齿轮 $3'$ 为同轴齿轮，则 $n_3 = n_{3'}$。

(4) 齿轮 4 和齿轮 5 外啮合　　$i_{45} = \frac{n_4}{n_5} = -\frac{z_5}{z_4}$。

定轴轮系传动比的大小等于组成该轮系的各对啮合齿轮传动比的连乘积，也等于各对啮合齿轮中所有从动轮齿数的乘积与所有主动轮齿数乘积之比。以上结论可推广到一般情

况。设 A 为起始主动轮，B 为最末从动轮，则定轴轮系始末两轮传动比计算的一般公式为

$$i_{AB} = \frac{n_A}{n_B} = \pm \frac{各对啮合齿轮从动轮齿数的连乘积}{各对啮合齿轮主动轮齿数的连乘积}。$$

提示 齿轮4同时和两个齿轮啮合，它既是前一级的从动轮，又是后一级的主动轮。其齿数 z_4 在分子和分母上各出现一次，最后被消去。即齿轮4的齿数不影响传动比的大小。这种不影响传动比的大小，只改变转向的齿轮称为惰轮或过桥齿轮。

● 任务实施

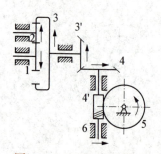

图 4-2-6 空间定轴轮系

如图 4-2-6 所示的空间定轴轮系，设 $z_1=z_2=z_{3'}=20$，$z_3=80$，$z_4=40$，$z_{4'}=2$（右旋），$z_5=40$、$n_1=1000$ r/min，求蜗轮5的转数 n_5 及各轮的转向。

做一做

解 因为该轮系为空间定轴轮系，传动比计算如下：

$$i_{15} = \frac{n_1}{n_5} = \frac{z_2 \cdot z_3 \cdot z_4 \cdot z_5}{z_1 \cdot z_2 \cdot z_{3'} \cdot z_{4'}} = \frac{20 \times 80 \times 40 \times 40}{20 \times 20 \times 20 \times 2} = 160。$$

蜗轮5的转数为

$$n_5 = \frac{n_1}{i_{15}} = \frac{1000}{160} = 6.25(\text{r/min})。$$

各轮的转向如图中箭头所示。该例中齿轮2为惰轮，它不改变传动比的大小，只改变从动轮的转向。

四、周转轮系传动比的计算

以下典型的周转轮系中，齿轮1和3为中心轮，齿轮2为行星轮，构件 H 为系杆。

（1）行星轮系 由于行星轮2既绕轴线 O_1O_1 转动，又随系杆 H 绕 OO 转动，不是绕定轴的简单转动，所以，不能直接用求定轴轮系传动比的公式来求周转轮系的传动比。

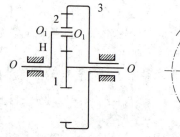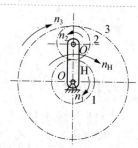

（2）转化机构 采用转化机构法，即假想给整个周转轮系加上一个与系杆的转速大小相等而方向相反的公共转速 $-n_H$。由相对运动原理可知，轮系中各构件之间的相对运动关系并不因之改变，但此时系杆变为相对静止不动，齿轮

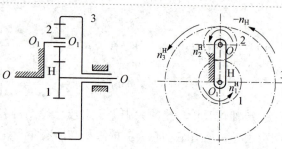

2 的轴线 O_1O_1 也随之相对固定,周转轮系转化为假想的定轴轮系。

各构件在转化前、后的转速:

	原来的转速	转化后的转速
齿轮 1:	n_1	$n_1^H = n_1 - n_H$;
齿轮 2:	n_2	$n_2^H = n_2 - n_H$;
齿轮 3:	n_3	$n_3^H = n_3 - n_H$;
系杆 H:	n_H	$n_H^H = n_H - n_H$。

转化轮系中各构件的转速右上方的角标 H,表示这些转速是各构件相对系杆 H 的转速。按定轴轮系传动比的方法,周转轮系的转化轮系的传动比为

$$i_{13}^H = \frac{n_1^H}{n_3^H} = \frac{n_1 - n_H}{n_3 - n_H} = -\frac{z_3}{z_1}。$$

将上式推广到一般情况,设 A 为计算时的起始主动轮,转速为 n_A,K 为计算时的最末从动轮,转速为 n_K,系杆 H 的转速为 n_H,则有

$$i_{AK}^H = \frac{n_A^H}{n_K^H} = \frac{n_A - n_H}{n_K - n_H} = \pm \frac{\text{从动轮齿数的连乘积}}{\text{主动轮齿数的连乘积}}。$$

提示

(1) 公式只适应于轮 A、轮 K 和系杆 H 的轴线相互平行或重合的情况。

(2) 当轮 A、轮 K 转向相同时,等式右边取正号,相反时取负号。需要强调的是:这里的正、负号并不代表轮 A、轮 K 的真正转向关系,只表示系杆相对静止不动时轮 A、轮 K 的转向关系。

(3) 转速 n_A、n_K 和 n_H 是代数量,代入公式时必须带正、负号。假定某一转向为正号,则与其同向的取正号,与其反向的取负号。待求构件的实际转向由计算结果的正负号确定。

任务实施

在图 4-2-7 所示的差动轮系中,已知各轮的齿数分别为 $z_1 = 15$,$z_2 = 25$,$z_{2'} = 20$,$z_3 = 60$,转速为 $n_1 = 200 \text{ r/min}$,$n_3 = 50 \text{ r/min}$。试求系杆 H 的转速 n_H。

做一做

解 在转化轮系中,齿轮 1～3 之间,外啮合圆柱齿轮的对数为 1,所以上式右端取负号。根据图中所示转向的箭头方向,轮 1 和轮 3 的转向相反,设轮 1 的转速 n_1 为正,则轮 3 的转速 n_3 为负,因而

$$\frac{200 - n_H}{-50 - n_H} = -\frac{25 \times 60}{15 \times 20},$$

$n_H = -8.33 \text{ r/min}$,负号表示系杆 H 的转向与齿轮 3 相同。

任务训练

1. 在习题图 1 所示的轮系中,已知各齿轮的齿数为 $z_1 = z_2 = 20$,$z_3 = 52$,$z_{3'} = 26$,z_4

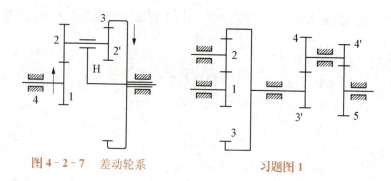

图 4-2-7 差动轮系　　　　习题图 1

$=40$，$z_{4'}=22$，$z_5=44$，转速 $n_1=800\,\text{r/min}$。

求：(1) 轮系的传动比 i_{15}。　(2) 齿轮 5 的转速 n_5。

2. 习题图 2 所示的差动轮系中，轮 1、轮 3 和系杆 H 的轴线相互平行，各齿轮的齿数为：$z_1=48$、$z_2=42$、$z_{2'}=18$　$z_3=21$，转速：$n_1=80\,\text{r/min}$、$n_3=100\,\text{r/min}$，转向如图所示，试求系杆 H 的转速 n_H。

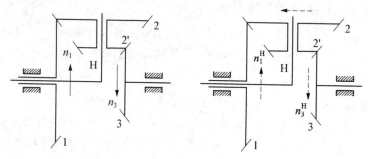

习题图 2

评价反馈

1. 通过本任务的学习，你能否做到以下几点：

(1) 了解轮系的类型。

　　能□　　　　不确定□　　　　不能□

(2) 能分析定轴轮系齿轮啮合情况，并掌握该轮系传动比的计算方法。

　　能□　　　　不确定□　　　　不能□

(3) 能分析周转轮系齿轮啮合情况，并掌握该轮系传动比的计算方法。

　　能□　　　　不确定□　　　　不能□

(4) 能在教师的指导下，运用所学知识，通过查阅资料，分析多种混合轮系齿轮啮合情况，并计算传动比。

　　能□　　　　不确定□　　　　不能□

2. 工作任务的完成情况：

(1) 能否掌握本任务的学习目标，完成任务内容：_____

(2) 与他人合作完成的任务：_____

(3) 在教师指导下完成的任务：_____

3. 你对本次任务的建议：_____

任务3　齿轮传动在变速器中的应用

任务目标

☐ 能举例描述典型汽车分析齿轮传动在变速器中的应用。
☐ 能举例说明汽车齿轮的材料的选择和注意事项。
☐ 了解汽车齿轮的失效形式。

建议学时　4

任务描述

轿车手动变速箱换挡齿轮传动机构,是通过不同挡位齿轮的啮合,产生不同传动比,从而改变传动驱动轮的转速和扭矩。在汽车五挡手动变速器中,最重要的就是1挡和最高挡的传动比,如图4-3-1所示,分析各种车型手动变速器的齿轮传动、计算传动比,为设计满足不同需求的变速器,提供数据。

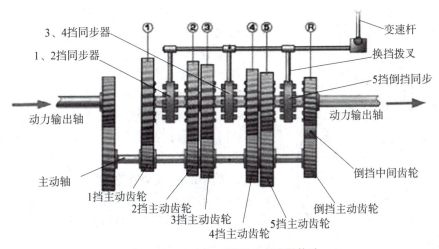

图4-3-1　汽车五挡手动变速器传动

想一想　试以汽车五挡手动变速器为例,分析变速器的传动路线,考虑如何计算手动挡变速器各挡传动比。

学习过程

一、齿轮传动的特点

1. 优点

（1）能保证瞬时传动比的恒定,传动平稳性好,传递运动准确可靠。
（2）传递的功率和速度范围大。传递功率高达 $5×10^4$ kW,圆周速度可以达到 300 m/s。

齿轮传动的原理

(3) 传动效率高,维护简便,使用寿命长。
(4) 结构紧凑,可实现较大的传动比。

2. 缺点

(1) 制造和安装精度要求高,工作时有噪声。
(2) 不能实现无极变速。
(3) 整体传动机构结构庞大、笨重,不适宜中心距较大的场合。

二、变速器的功用

(1) **变换传动比** 通过变换传动比,扩大汽车牵引力和速度的变化范围,以适应汽车在不同行驶需要。

(2) **倒向行驶** 在发动机旋转方向不变的条件下,使汽车能够倒向行驶。

(3) **中断动力传递** 利用空挡中断发动机向驱动轮的动力传递,以使发动机能够起动和怠速运转。

另外,有的专用汽车还利用变速器作为动力输出装置,驱动某些附属装置,如自卸车的液压举升装置,汽车吊车的起吊工作装置等。

三、普通齿轮变速器的工作原理

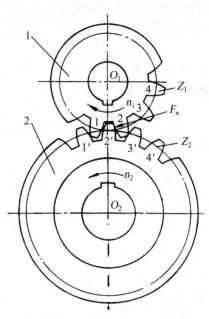

图 4-3-2 齿轮传动简图

如图 4-3-2 所示,当一对齿轮相互啮合工作时,主动轮的轮齿 1、2、3…依次推动从动件的轮齿 $1'$、$2'$、$3'$…使从动轮转动,从而将主动轮的动力和运动传递给从动轮。

1. 变速原理

普通齿轮变速器是利用若干大小不同的齿轮副传动来实现转速和转矩的改变。设主动齿轮 1 的齿数为 z_1,从动齿轮 2 的齿数为 z_2。若主动齿轮转速为 n_1,则单位时间内转过的齿数为 $z_1 \times n_1$。从动齿轮在主动齿轮的推动下转速为 n_2,转过的齿数为 $z_2 \times n_2$,由于齿轮传动是主、从动齿轮一齿对一齿的啮合传动,有 $z_1 \times n_1 = z_2 \times n_2$。一对齿数不同的齿轮啮合传动时可以变速,而且两齿轮的转速与齿轮的齿数成反比。

则一对齿轮的传动比为 $i = \dfrac{n_1}{n_2} = \dfrac{z_2}{z_1}$

(1) $i > 1$,减速传动(降速挡) 当小齿轮为主动齿轮($z_1 < z_2$),带动大的从动齿轮转动时,则输出轴(从动齿轮)的转速就降低,即 $n_2 < n_1$。

(2) $i < 1$,加速传动(高速挡、超速挡) 当以大齿轮为主动齿轮($z_1 < z_2$),带动小的从动齿轮转动时,则输出轴(从动齿轮)的转速就升高了,即 $n_2 > n_1$。

(3) $i = 1$,直接挡 当主动齿轮带动从动齿轮转动时,则输出轴直接输出。

同理,多级齿轮传动的传动比为

$$i = \dfrac{\text{所有从动齿轮齿数的连乘积}}{\text{所有主动齿轮齿数的连乘积}} = \text{各级齿轮传动比的乘积}。$$

汽车变速器某一挡位的传动比就是这一挡位的各级齿轮传动比的乘积。汽车变速器就是通过变换各挡的传动比来改变输出转矩,以适应汽车行驶阻力的变化。

$$i = n_入 / n_出 = M_出 / M_入,$$

其中,M 表示转矩。

挡位越低,传动比越大,输出转速越低,则输出转矩越大;挡位越高,传动比越小,输出转速越高,则输出转矩越小。

2. 变向原理

通过增加一级齿轮传动副实现倒挡。(两轴式变速器)前进挡时,动力由输入轴直接传给输出轴,只经过一对齿轮传动,两轴转动方向相反。倒挡时,动力由输入轴传给传挡轴,再由倒挡轴传给输出轴,经过两对齿轮传动,输入轴与输出轴转动方向相同。

提示　一对齿轮传动只能得到一个固定的传动比,得到一种输出转速,并构成一个挡位。为了扩大变速器输出转速的变化范围,普通齿轮变速器通常都采用多组大小不同的齿轮啮合传动,这样就构成了多个不同的挡位。对应不同的挡位,均有不同的传动比值,从而得到各种不同的输出转速。当每个挡位的齿轮副都不传动时,就是空挡。

知识链接

变速器齿轮传动比计算

如图 4-3-3 所示,桑塔纳 2000 型轿车五挡手动变速器由传动机构、操纵机构、变速器壳体等主要部分组成,因其结构简单、噪音低、操作灵活且工作可靠,在手动变速器之中具有典型的代表意义。桑塔纳手动变速器挡位,由 5 个前进挡与一个倒车挡构成。

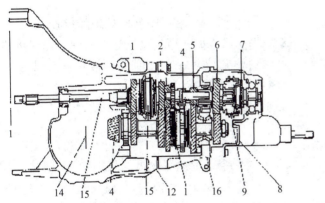

1—4 挡齿轮　2—3 挡齿轮
3—2 挡齿轮　4—倒挡齿轮
5—1 挡齿轮　6—5 挡齿轮
7—5 挡锁环　8—换挡机构壳体
9—5 挡同步器　10—变速器壳体
11—1,2 挡同步器　12—变速器壳体
13—3,4 挡同步器　14—输出轴
15—输入轴　16—差速器结构

图 4-3-3　桑塔纳 2000 型轿车五挡手动变速器传动机构的结构

四、变速器传动路线分析和传动比计算

(1) 1 挡　变速器操纵杆从中间位置向左、向前移动,实现:动力→输入轴→输入轴 1 挡齿轮→输出轴 1 挡齿轮→输出轴上 1/2 挡同步器→输出轴→动力输出。

$$i_1 = \frac{n_{1入}}{n_{1出}} = \frac{z_{1出}}{z_{1入}} = 3.455。$$

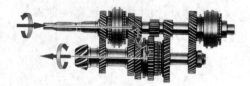

(2) 2挡　变速器操纵杆从中间位置向左、向后移动,实现:动力→输入轴→输入轴2挡齿轮→输出轴2挡齿轮→输出轴1/2挡同步器→输出轴→主减速器→动力输出。

$$i_2=\frac{n_{2入}}{n_{2出}}=\frac{z_{2出}}{z_{2入}}=1.944。$$

(3) 3挡　变速器操纵杆从中间位置向前移动,实现:动力→输入轴→输入轴3/4挡同步器→输入轴3挡齿轮→输出轴3挡齿轮→输出轴→主减速器→动力输出。

$$i_3=\frac{n_{3入}}{n_{3出}}=\frac{z_{3出}}{z_{3入}}=1.286。$$

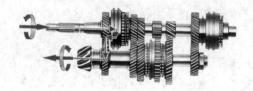

(4) 4挡　变速器操纵杆从中间位置向后移动,实现:动力→输入轴→输入轴3/4挡同步器→输入轴4挡齿轮→输出轴4挡齿轮→输出轴→主减速器→动力输出。

$$i_4=\frac{n_{4入}}{n_{4出}}=\frac{z_{4出}}{z_{4入}}=0.969。$$

(5) 5挡　变速器操纵杆从中间位置向右、向前移动,实现:动力→输入轴→输入轴5挡同步器→输入轴5挡齿轮→输出轴5挡齿轮→输出轴→主减速器→动力输出。

$$i_5=\frac{n_{5入}}{n_{5出}}=\frac{z_{5出}}{z_{5入}}=0.800。$$

(6) 倒挡　变速器操纵杆从中间位置向右、向后移动,实现:动力→输入轴→输入轴倒挡齿轮→输出轴倒挡齿轮→输出轴倒挡同步器→输出轴→主减速器→动力反向输出。

$$i_{倒}=\frac{n_{倒入}}{n_{倒出}}=\frac{z_{倒出}}{z_{倒入}}=3.167。$$

惰轮

五、汽车齿轮的材料

（1）锻钢　通常采用含碳量为 0.15%～0.6% 的碳素钢或合金钢。例如，汽车变速箱内传动齿轮，一般选用强度高、韧性好的淬火合金钢，如 20CrMnTi、20CrNi3A 等。

（2）铸钢　大直径齿轮通常使用铸造方法获得铸钢齿轮毛坯，经过正火后，具有较高的耐磨性及强度。

（3）铸铁　低速、轻载及非重要场合的齿轮传动可采用铸铁，如灰铸铁 HT350、球磨铸铁 QT500-5 等。

（4）非金属材料　高速、低载、小功率及要求低噪声的齿轮传动可选用非金属材料，如塑料、尼龙、夹布胶木等。

齿轮的失效形式

六、汽车齿轮的失效形式

1. 轮齿折断

（1）失效原因　轮齿折断容易出现在齿根部位。因为齿根在受载时承受较大的交变弯曲应力，再加上截面突变及加工刀痕引起的应力集中作用，齿根易产生疲劳破坏，导致齿根折断。齿轮传动在短时间内严重过载，直接导致轮齿突然折断。

（2）预防措施　提高轮齿的弯曲疲劳强度，加大齿根过渡圆角以减小应力集中；禁止齿轮传动超负荷运行。

2. 齿面点蚀

（1）失效原因　轮齿的啮合面会承受很大的脉动循环变化接触应力，长时间工作后齿面出现小片金属剥落并形成麻点。

（2）预防措施　限制齿面的接触应力，提高齿面硬度，保证齿面接触强度。

3. 齿面磨损

（1）失效原因　尘土、砂粒、铁屑等杂物落入轮齿啮合面，导致齿面逐渐磨损，失去正确齿形。

（2）提高齿面硬度，采用闭式传动，保持工作环境的清洁，保证良好的润滑。

4. 齿面胶合

（1）失效原因　在高速、重载齿轮传动中，轮齿啮合区的局部温度升高，导致润滑失效，啮合时两齿面金属直接接触并发生黏结，软齿面的部分金属被撕下形成沟纹。

（2）预防措施　提高齿面硬度，加强散热，使用大黏度润滑油，配对齿轮采用不同材料。

5. 塑性变形

(1) 失效原因　频繁启动、严重过载,软齿面会发生局部塑性变形,失去正确的齿形。

(2) 预防措施　提高齿面硬度,避免齿轮过载。

七、齿轮的润滑

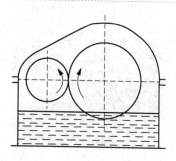

开式及半开式齿轮传动,通常采用人工周期性添加润滑油润滑。通用的闭式齿轮传动的润滑方式有以下几种。

(1) 浸油润滑　当齿轮的圆周速度较低时,通常将大齿轮的轮齿浸入油池中润滑。浸入油中的深度视齿轮圆周速度大小而定,一般不低于 10 mm,但不宜超过一个齿高。

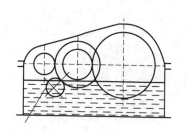

(2) 带油润滑　在多级齿轮传动中,很难保证所有齿轮都浸入油池中。可采用带油轮将油甩溅到未浸入油池的齿面上润滑。油池中油量的多少,取决于齿轮传递功率的大小。单级传动每传递 1 kW 的功率,需油量约为 0.35~0.75 L。多级传动需油量应按级数成倍地增加。

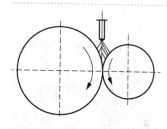

(3) 喷油润滑　当齿轮圆周速度较大时,齿面上的油容易被甩掉,需采用喷油润滑的方式。油泵将具有一定压力的润滑油从喷嘴喷到齿轮的啮合面上。

● 任务实施

1. 桑塔纳 2000 型轿车五挡手动变速器如图 4-3-3 所示,各挡齿轮传动比。传动比计算过程见表 4-3-1。

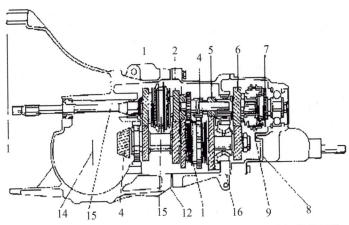

1—4挡齿轮　2—3挡齿轮
3—2挡齿轮　4—倒挡齿轮
5—1挡齿轮　6—5挡齿轮
7—5挡锁环　8—换挡机构壳体
9—5挡同步器　10—变速器壳体
11—1、2挡同步器　12—变速器壳体
13—3、4挡同步器　14—输出轴
15—输入轴　16—差速器结构

图4-3-3　桑塔纳2000型轿车五挡手动变速器传动机构的结构

表4-3-1　传动比计算过程

齿轮挡位	输入轴齿轮转速 $n_入$	输出轴齿轮转速 $n_出$	传动比
1挡	4 474	1 295	$i_1 = \dfrac{n_{1入}}{n_{1出}} = \dfrac{4\,474}{1\,295} = 3.455$
2挡	3 719	1 913	$i_2 = \dfrac{n_{2入}}{n_{2出}} = \dfrac{3\,719}{1\,913} = 1.944$
3挡	3 228	2 510	$i_3 = \dfrac{n_{3入}}{n_{3出}} = \dfrac{3\,228}{2\,510} = 1.286$
4挡	2 907	3 000	$i_4 = \dfrac{n_{4入}}{n_{4出}} = \dfrac{2\,907}{3\,000} = 0.969$
5挡	2 622	3 278	$i_5 = \dfrac{n_{5入}}{n_{5出}} = \dfrac{2\,622}{3\,278} = 0.800$
倒挡	3 760	1 187	$i_倒 = \dfrac{n_{倒入}}{n_{倒出}} = \dfrac{3\,760}{1\,187} = 3.168$

做一做　计算表4-3-2变速器齿轮传动比。

表4-3-2　变速器齿轮传动比

齿轮挡位	输出轴分度圆直径	输入轴分度圆直径	传动比
1挡	280	120	
2挡	264	36	
3挡	248	152	
4挡	232	168	
5挡	200	200	
倒挡	140	140	

计算表4-3-3中某轿车五挡手动变速器各挡齿轮传动比。

根据基本参数分析，齿轮分度圆直径 $d = \dfrac{p}{\pi}z = mz$。模数 m 相等是齿轮啮合必要条件之一，因此齿轮传动比 $i = \dfrac{z_2}{z_1} = \dfrac{d_2}{d_1}$，其中主动齿轮1的齿数为 z_1，分度圆直径 d_2，从动齿轮2的齿数为 z_2，分度圆直径 d_1。传动比计算过程见表4-3-3。

表4-3-3 传动比计算过程

齿轮挡位	输入轴分度圆直径 $d_入$	输出轴分度圆直径 $d_出$	传动比计算
1挡	120	280	$i_1 = \dfrac{d_{1出}}{d_{1入}} = \dfrac{280}{120} = 2.333$
2挡	36	264	$i_2 = \dfrac{d_{2出}}{d_{2入}} = \dfrac{264}{36} = 7.333$
3挡	152	248	$i_3 = \dfrac{d_{3出}}{d_{3入}} = \dfrac{248}{152} = 1.631$
4挡	168	232	$i_4 = \dfrac{d_{4出}}{d_{4入}} = \dfrac{232}{168} = 1.381$
5挡	200	200	$i_5 = \dfrac{d_{5出}}{d_{5入}} = \dfrac{200}{200} = 1$
倒挡	140	140	$i_倒 = \dfrac{d_{倒出}}{d_{倒入}} = \dfrac{140}{140} = 1$

● **能力拓展**

1. 解放CA141汽车变速器有两种传动比的变速器（Ⅰ型、Ⅱ型），如图4-3-4所示，请计算出各挡位齿轮传动的传动比，填于表4-3-4（第一轴齿轮齿数 z_1 为20，减速挡齿轮齿数 $z_减$ 为44）、表4-3-5（第一轴齿轮齿数 z_1 为23，减速挡齿轮齿数 $z_减$ 为41）。

图4-3-4 解放CA141汽车变速器

表 4-3-4　Ⅰ型解放 CA141 汽车变速器

挡位	倒挡齿轮齿数 $z_{倒}$	中间轴挡位齿轮齿数 $z_{入}$	第二轴挡位齿轮齿数 $z_{出}$	传动比计算
1挡		14	49	
2挡		22	41	
3挡		31	33	
4挡		38	26	
倒挡	27（前排） 22（后排）	16	49	

表 4-3-5　Ⅱ型解放 CA141 汽车变速器

挡位	倒挡齿轮齿数 $z_{倒}$	中间轴挡位齿轮齿数 $z_{入}$	第二轴挡位齿轮齿数 $z_{出}$	传动比计算
1挡		14	49	
2挡		22	41	
3挡		31	33	
5挡		44	20	
倒挡	27（前排） 22（后排）	16	49	

提示

(1) Ⅰ型解放 CA141 汽车变速器的 5 挡通过变速器操纵机构，输入的动力直接由第一轴经第二轴输出，即直接挡，传动比为 1；

(2) Ⅱ型解放 CA141 汽车变速器与Ⅰ型解放 CA141 汽车变速器相比较，只需更换了两对齿轮，并且 4 挡与 5 挡换挡位置对调，4 挡传动比为 1，5 挡传动比 $i_5 < 1$，为超速挡。

2. 在齿轮传动中，齿轮常见的失效形式有哪些？

3. 讨论齿轮传动组的维护方法。

评价反馈

1. 通过本任务的学习，你能否做到以下几点：

(1) 了解齿轮传动的特点。

能□　　　　　不确定□　　　　　不能□

(2) 了解汽车变速器齿轮传动的路径。

能□　　　　　不确定□　　　　　不能□

(3) 能根据汽车变速器齿轮挡位计算各挡位的传动比。

能□　　　　　不确定□　　　　　不能□

(4) 在教师的指导下，能运用所学知识，通过查阅资料，举一反三。

能□　　　　　不确定□　　　　　不能□

2. 工作任务的完成情况：

(1) 能否正确计算齿轮传动比，完成任务内容：＿＿＿＿＿＿＿＿＿＿

(2) 与他人合作完成的任务：＿＿＿＿＿＿＿＿＿＿

(3) 在教师指导下完成的任务：_____
3. 你对本次任务的建议：_____

任务 4　拆装汽车变速器

任务目标

☐ 掌握变速器拆装工具及使用方法。
☐ 掌握变速器拆装步骤及工作要点。
☐ 掌握变速器拆装的注意事项。

建议学时　6

任务描述

桑塔纳五挡手动变速器的齿轮传动机构为二轴式，由输入轴、输出轴、倒挡轴及各轴上的齿轮、轴承及同步器等组成。通过拆除桑塔纳手动变速器，了解变速器主要零件失效可能产生的故障现象及排除方法，学会正确使用工量具完成变速器的拆装。变速器的拆装工序多而复杂，在拆装变速器前，学生应收集资料，了解变速器的拆装步骤及注意事项，特别是拆装工具的选择，做好拆装前的准备工作。

学习过程

1. 设备的选择

如图 4-4-1 所示，准备变速器一台、压床一台。

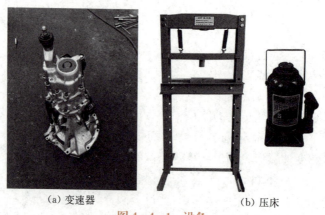

(a) 变速器　　　　　　(b) 压床

图 4-4-1　设备

2. 工量具的选择

(1) 套筒和手摇杆　常用套筒扳手的规格是 10～32 mm，实际选择 30 mm、13 mm 套筒用于变速器的拆装。

(2) 内六角扳手　规格以六角形对边尺寸 S 表示，有 3～27 mm 尺寸的 13 种，用于拆装 M4～M30 的内六角螺栓。变速器拆装作业中选择 6 mm 的。

(3) 内梅花扳手　选用 8 mm 内梅花扳手用于变速器的拆装。

(4) 梅花扳手　其规格是以闭口尺寸 S（mm）来表示，选用 20～22 mm 规格。

(5) 可调扭力扳手　最主要特征就是可以设定扭矩，扭矩可调。应用力矩应在扳手的扭力范围 20%～90% 之内。

(6) 卡簧钳　采用内用、外用两种卡簧钳，分别安装和拆卸内用卡簧和外用卡簧。

(7) 一字起子　一字形螺钉旋具、平口改锥，用于旋紧或松开头部开一字槽的螺钉。其规格以刀体部分的长度表示，常用的规格有 100 mm、150 mm、200 mm 和 300 mm 等几种。

(8) 橡胶锤　锤子是橡胶材质，有弹性，主要敲打一些易碎零件，如安装地板砖、玻璃等，有一定的缓冲作用。

(9) 铜棒　选用紫铜棒，不是纯铜的，含有少数脱氧元素或其他元素以改进原料和功能，因而也归入铜合金。

(10) 钳工锤　规格以锤头质量来表示，以 0.5～0.75 kg 的最为常用。

(11) 管子钳　主体和柄部都经过淬火处理，钳柄的前端设有与链条啮合的牙。

(12) 錾子　通过凿、刻、旋、削加工材料，具有短金属杆，一端有锐刃。

(13) 机油壶　用于润滑各种类型汽车、机械设备，以减少摩擦。保护机械及加工件的液体或半固体润滑剂有润滑、辅助冷却、防锈、清洁、密封和缓冲等作用。

(14) 拉拔器　分离轴承与轴的拆卸工具。

(15) 厚薄规　具有两个平行的测量平面，长度制成 50、100 或 200 mm，测量厚度规格为 0.03～0.1 mm 的厚薄规，中间每片相隔 0.01 mm。如果厚度为 0.1～1 mm 的，则中间每片相隔 0.05 mm。

任务实施

活动一　变速器的分解

1. 拆卸输出轴、输入轴

步骤 1：用 13 mm 套筒和棘轮扳手拧松变速器前壳体和后壳体的 11 个连接螺栓，取下连接螺栓。用铜棒、锤子对称敲击后壳体有加强筋的两个敲击口，将变速器后壳体敲出。取下变速器后壳体。

步骤2：用6mm内六棱轮扳手，拧松变速器后盖的10个固定螺栓，取下固定螺栓。将变速器后端盖敲出，取下变速器后端盖。

步骤3：取下同步器组合和五挡拨叉。

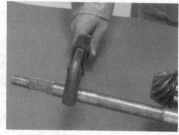

步骤4：两人配合，一人用管子钳锁住输入轴，一人用扭力扳手和32mm套筒拧松输出轴锁紧螺母，旋下输出轴螺母。

步骤5：用拉拔器将输出轴5挡齿轮从输出轴拉出。

步骤6：将变速器壳体放在压床上，用压床轻压输出轴，使输出轴轴承和轴承座有一定间隙，输出轴可以晃动，便于输入轴的拆卸。

步骤7：用锤子、錾子轻敲倒挡轴和倒挡齿轮，取出倒挡拨叉。

步骤8：将变速器壳体放在压床工作台上,用手扶住输出轴,以防输出轴掉落,用压床压出输出轴和一、二挡拨叉轴

提示

(1) 正确使用压床、举升机及工具。
(2) 齿轮边缘比较锋利,应防止划伤。
(3) 使用压床压出输入轴时,应用手托住输入轴,防止零件落地。
(4) 分解同步器时,防止止动弹簧飞出。

2．分解输入轴

步骤1：用卡簧钳拆下4挡齿轮卡簧,取下4挡齿轮

步骤2：取下4挡齿轮滚针轴承,取下4挡同步环

步骤3：取出输入轴3/4挡同步器花键毂的定位卡簧。

步骤4：用压床垫块支撑输入轴3挡齿轮,压出3/4挡同步器、3挡齿轮和3挡同步环。取出3挡齿轮滚针轴承,分解3/4挡同步器花键毂和结合齿套

步骤5:分解后的输入轴

3.分解输出轴

步骤1:用压床垫块支撑输入轴1挡齿轮,用压床压输出轴,将输出轴内轴承和1挡齿轮压出。

步骤2:取出1挡齿轮滚针轴承和1挡同步环。

步骤3:用压床垫块支撑输入轴2挡齿轮,用压床压输出轴,将输出轴2挡齿轮、1/2挡同步器、2挡同步环和1挡齿轮滚针轴承的轴承套压出,取出2挡滚针轴承。

步骤4:分解1/2挡同步器花键毂和接合齿套。

提示

（1）分解1/2挡同步器时，用双手护住，防止滑块和止动弹簧弹出，取出3个滑块和2个止动弹簧。

（2）所有零件必须清洗，并用压缩空气吹干。

活动二 变速器零件的检验

步骤1：检查主减速器主动锥齿轮，主动锥齿轮损伤的齿数不多于2个，而且受损伤的齿不能相邻，否则应同主减速器从动锥齿轮一同更换。

步骤2：检查轴承，如有损坏需更换。检查各挡位齿轮，如有损坏应与其啮合的齿轮一同更换。检查同步器中的止动弹簧是否弯曲变形，有则需要更换。

步骤3：将同步环压在各自齿轮的锥面上，用厚薄规测量各同步环与齿轮的间隙。如果测量间隙不在规定范围之内，则应更换同步环。

步骤4：检查壳体是否有变形、裂纹，如变形和裂纹严重，则必须更换壳体。检查壳体内的轴承是否转动自如，有无松动、异响、损坏等现象。如现象严重，则必须更换轴承。

做一做 用厚薄规测量各同步环与齿轮的间隙,并记录于表

表 4-4-1 测量间隙

同步环	间隙 A	
	新的零件	磨损的限度
1 挡和 2 挡	1.10～1.17	0.05
3 挡和 4 挡	1.35～1.90	0.05
5 挡	1.10～1.70	0.05

活动三 变速器的安装

1. 组装输入轴

步骤 1:将 3 挡齿轮滚针轴承安装到输入轴上。

步骤 2:将 3 挡齿轮安装到输入轴上。

步骤 3:将 3/4 挡同步器安装到输入轴上,用卡簧钳将 3/4 挡花键毂定位卡簧安装到输入轴上的卡簧槽内。将 4 挡同步环安装到输入轴上。

步骤 4:将 4 挡齿轮安装到输入轴上,将 4 挡齿轮滚针轴承安装到输入轴上。

输入轴组装完毕。

2. 组装输出轴

步骤1：在2挡齿轮滚针轴承上涂抹机油，然后安装到输出轴上。

步骤2：将2挡齿轮安装到输出轴上，将2挡同步环安装到输出轴上。

步骤3：将1/2挡同步器花键毂放在压床垫块上，使输出轴垂直压床工作台。用压床将其压入输出轴。

提示　在用压床压的同时，要调整1挡同步环，使3个缺口对准1/2挡同步器上的3个滑块。

步骤4：将1挡齿轮滚针轴承安装到输出轴上。将1挡同步环安装到输出轴上。

提示　将1挡同步环上的3个缺口对准1/2挡同步器上的3个滑块。

步骤5:将1挡齿轮安装到输出轴上。

步骤6:用压床垫块支撑输出轴内轴承的内圈,使输出轴垂直压床工作台,用压床将输出轴内轴承压入输出轴。

输出轴安装完毕。

3. 安装输出轴、输入轴

步骤1:将1/2挡拨叉装在1/2挡同步器接合槽中。

步骤2:将1/2挡拨叉轴、输出轴对准变速器。

步骤3:将输出轴垂直置于压床工作台上,将自制套管放在输出轴外轴承内圈上。用压床压自制套管,将输出轴外轴承压入输出轴,但不能压紧,要保持一定的间隙,使输出轴可以晃动,以便安装输出轴。

项目四　汽车传动结构应用

步骤 4：将输出轴 5 挡齿轮装在输出轴上，再用橡胶锤将倒挡轴敲入倒挡轴轴孔中。

步骤 5：将 3/4 挡拨叉套在 3/4 挡同步器接合齿套的拨叉槽中。3/4 挡拨叉上有定位孔的一头向外。将 3/4 挡拨叉轴对准轴孔装入变速器壳体。

提示　安装前必须将 1/2 挡拨叉轴和 5 挡、倒挡拨叉轴同时挂在空挡位置。

步骤 6：将 5 挡滚针轴承套敲入输入轴。将 5 挡拨叉装在 5 挡同步器接合齿圈的拨叉槽中，并一起装入输入轴。

步骤 7：用铜棒和锤子将 5 挡同步环和 5 挡同步器套管装入输入轴，并将其敲紧。

步骤 8：在变速器后端盖接触面上涂抹密封胶。

步骤 9：安装变速器后端盖。安装时对准内换挡杆孔和定位销孔。

4-37

步骤10:安装变速器后壳体。安装时对准输入轴轴孔和定位销孔,用橡胶锤将后壳体敲入前壳体内。

4. 变速器拆装的注意事项

(1) 用铜棒和锤子敲击后壳体和后端盖时,应对称敲击有加强筋的两个敲击口,以免损坏后壳体和后端盖。

(2) 变速器壳体较薄,不得用敲击法拆装壳体上各轴承,应采用专用工具拉压,以防壳体变形。

(3) 在安装各同器时,要将3个滑块安装到花键毂的3个缺口中;止动弹簧带勾头端要岔开120°安装。

(4) 输出轴固定螺栓拧紧力矩为100 N·m。

(5) 倒挡拨叉支撑螺栓拧紧力矩为35 N·m。

(6) 倒挡锁螺栓拧紧力矩为35 N·m。

(7) 变速器后端盖的10个固定螺栓拧紧力矩为25 N·m。

(8) 变速器后壳体的11个固定螺栓拧紧力矩为25 N·m。

● 任务训练

根据本任务中描述的变速器拆装步骤,完成相应的实训操作,并填入表4-4-2。

表4-4-2 变速器拆装测评

序号	考核操作内容	配分	评分标准	操作记录	自评	他评
1	使用工具仪器	10	工具使用不当扣10分			
2	拆卸变速器输入轴、输出轴总成	20	拆卸顺序错误酌情扣分;操作不当扣2分			
	分解、装配变速器输入轴	15	拆卸操作不当扣2分			
	分解、装配变速器输出轴总成	15	拆卸操作不当扣2分			
	装配变速器输入轴、输出轴总成	20	装配顺序错误酌情扣分;操作不当扣2分			
3	所有零件摆放整齐	10	顺序错误酌情扣分			
4	整理工具、清理现场	10	每项扣2分,扣完为止			
	安全用电,防火,无人身、设备事故		无违规操作发生重大人身和设备事故,此项按0分			

(续表)

序号	考核操作内容	配分	评分标准	操作记录	自评	他评
5	合计	100				
6	教师评分	100	仪器工具选用		10	
			基本技能		40	
			职业素养		10	
			任务完成情况		40	
	综合评价和建议： 任课教师签字：				年　月　日	

评价反馈

1. 通过本任务的学习，你能否做到以下几点：

(1) 掌握变速器拆装工量具和设备的使用方法。
　能□　　　　　不确定□　　　　　不能□

(2) 掌握变速器拆卸方法和工作要点。
　能□　　　　　不确定□　　　　　不能□

(3) 掌握变速器零件的检测方法。
　能□　　　　　不确定□　　　　　不能□

(4) 掌握变速器装配方法和工作要点。
　能□　　　　　不确定□　　　　　不能□

(5) 能在教师的指导下，运用所学知识，通过查阅资料，完成实训报告的填写。
　能□　　　　　不确定□　　　　　不能□

2. 工作任务的完成情况：

(1) 能否正确使用工量具和设备，完成任务内容：＿＿＿＿＿＿＿＿

(2) 与他人合作完成的任务：＿＿＿＿＿＿＿＿

(3) 在教师指导下完成的任务：＿＿＿＿＿＿＿＿

3. 你对本次任务的建议：＿＿＿＿＿＿＿＿

项目五

【汽车机械基础】

汽车轴系零部件应用

作为机器中的重要零件,轴在生活、生产中无处不在。或许你能想到古时马车上的木轮轴,又或许你能想到老爷车上的车轮轴,甚至是家里管道清洁器用的钢丝软轴。你知道轴的具体作用以及它的分类吗?你了解轴的制造安装要求以及轴上零件的定位、固定方法吗?你知道轴承的构造、分类及如何选用吗?轴与轴周边许多零件是如何配合协调工作的?如果配合不好是否影响整台机器工作?

学习目标

1. 掌握轴的功用、类型应用。
2. 掌握轴的结构设计、材料和失效形式。
3. 掌握轴承类型与选用、润滑方式与润滑剂的选用。
4. 掌握轴承的代号。
5. 掌握联轴器、离合器、万向节组成、类型与选用。
6. 掌握联轴器、离合器、万向节的工作原理及应用。
7. 能正确使用常用拆装工具,拆卸、装配轴系零件的。
8. 能按照作业规程,在任务完成后清理现场。
9. 能操作典型加工操作,正确填写项目验收单。

建议学时　18 学时

任务 1　认识轴系零部件

任务目标

- □ 掌握轴的功用及类型。
- □ 掌握轴的结构组成。
- □ 掌握轴的材料及失效形式。

建议学时　4

任务描述

轴系零部件和连接零件是机械的重要组成部分,也是汽车的重要组成部分。轴的作用是支持旋转零件(如凸轮、齿轮、链轮、带轮等),传递运动和动力,是机器中的重要零件。

想一想　你是否见过如图 5-1-1 所示的零件,判断它是否属于轴类零件,有什么功用?

图 5-1-1　零件示意图

轴的类型

学习过程

一、轴的功能与类型

1. 轴的功能

轴系零部件和连接零件是机械的重要组成部分。机器中的转动零件都必须与轴连接并支承在轴上,而轴本身又要在轴承上与机架相连;有时轴又要通过联轴器与其他的轴或零部件相连。所以,轴的作用是支持旋转零件(如凸轮、齿轮、链轮、带轮等),传递运动和动力,是机器中的重要零件。

2. 轴的类型

按轴的承受载荷情况或轴线形状分类,见表 5-1-1。

表 5-1-1 轴的类型

分类方法	类型	图示	特征	应用
按承受载荷情况	转轴	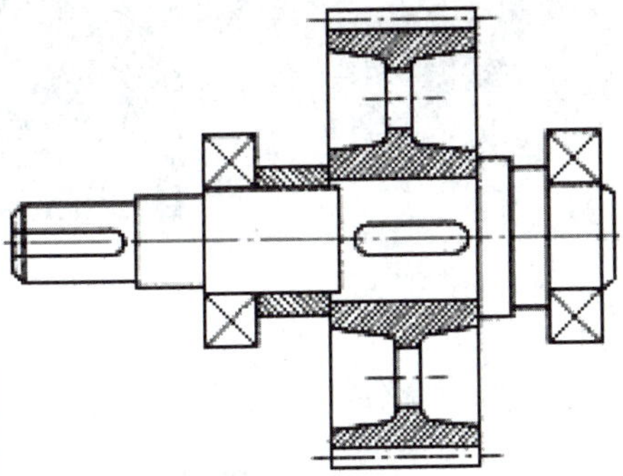	既传递转矩又承受弯矩的轴	汽车变速器中的输入轴、输出轴和中间轴
	传动轴	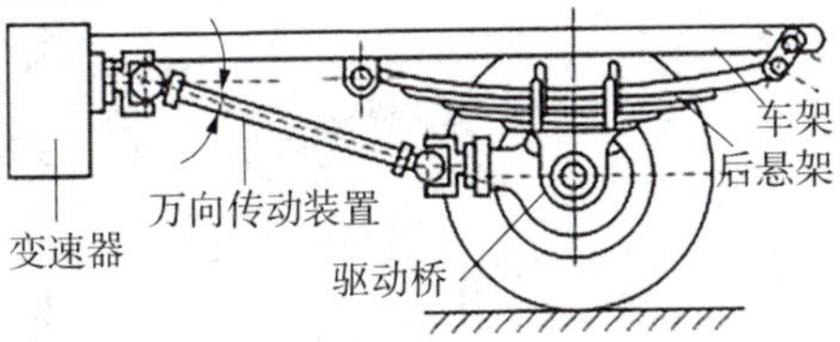	只传递转矩不承受弯矩的轴	汽车传动轴
	心轴	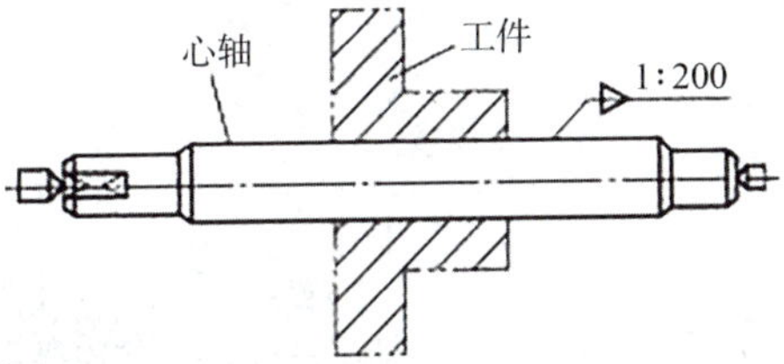	只承受弯矩而不传递转矩的轴	车辆轴和滑轮轴等
按轴线形状	曲轴	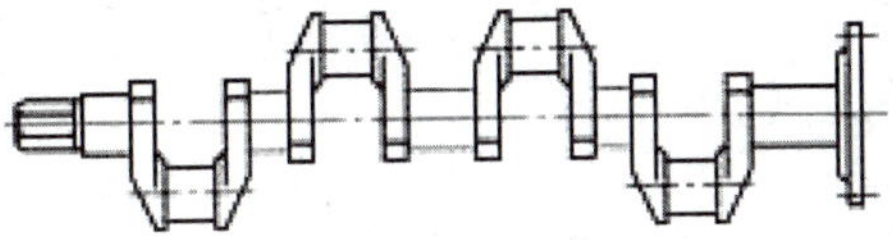	不在同一轴线	可以将回转运动和直线往复运动相互转变，在汽车发动机应用中较为典型
	挠性轴	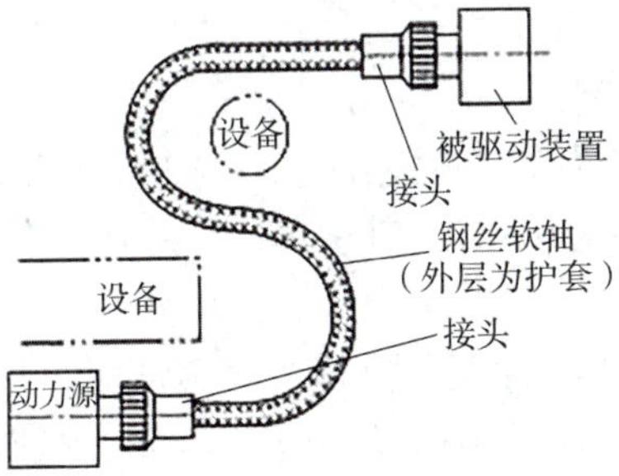	具有良好的挠性，用于连接轴线和方向不同或有相对运动的两轴，以传递旋转运动和扭矩	可用于机械式远距离控制机构、仪表传动等
	直轴	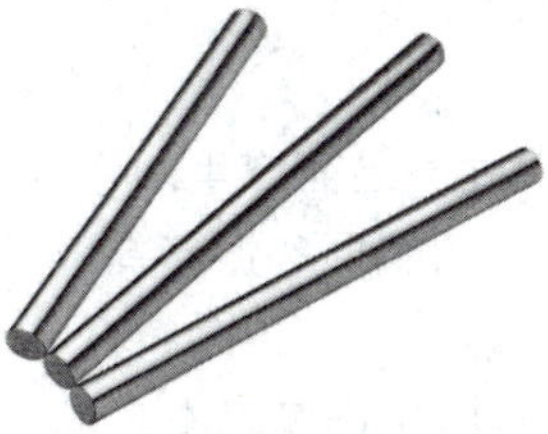	轴线在同一位置	

还可按外形分为实心轴、光轴、阶梯轴、空心轴等，如图5-1-2所示。

图5-1-2 光轴、光轴、空心轴

做一做 请判断图5-1-3所示的轴类零件属于哪种类型的轴。

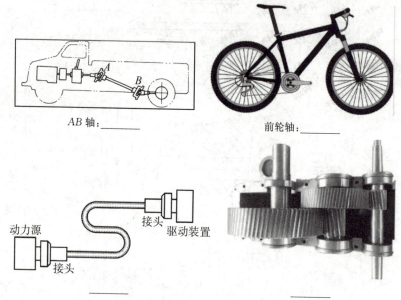

AB轴：　　　　　　　　　　前轮轴：

图5-1-3 轴的种类

二、轴的材料

轴的材料主要是碳素钢或合金钢。

（1）碳素结构钢 价格低廉，应力集中敏感性差，经热处理后可得到较高的力学性能，如35、40、45等优质碳素结构钢。应用广泛，其中45钢应用最普遍，热处理为正火或调质处理。

（2）合金结构钢 具有更高的力学性能和更好的淬透性能，但对应力集中比较敏感，价格较贵，如20Gr、40Gr、35GrMo、40MnB等。常用于强度高、重量轻、尺寸小，要求有耐磨、耐高温、耐低温、耐腐蚀等特殊要求的场合。

三、轴的失效形式

轴的主要失效形式有3种：因疲劳强度不足而产生的疲劳断裂，因静强度不足而产生的塑性变形或脆性断裂、磨损，超过允许范围的变形和振动等。

四、轴的结构

轴在设计时，已充分考虑轴的使用条件，保证其具有足够的工作能力。须进行强度与刚度等的计算,并根据装配与工艺等要求设计轴的结构。主要解决两方面的问题:具有合理的结构形状和足够的承载能力。即轴的结构应该使轴上的零件能可靠地固定,便于装拆、维修,加工方便等;具有足够的强度和刚度,高速旋转的轴还要有振动稳定性要求,保证轴能正常工作。

1. 轴的组成

如图 5-1-4 所示,在左端可依次装拆齿轮、套筒、轴承、轴承盖、带轮,右端将另一轴承装拆,轴上各轴段的端部加工有倒角,既是加工工艺的需要,也是为了便于装拆。

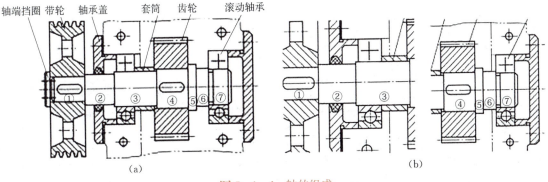

图 5-1-4 轴的组成

2. 轴上零件的定位

轴与轴上的零件要有准确的工作位置(定位要求),轴向定位通常采用轴肩或轴环(套筒)。

如图 5-1-4(b)中,轴肩⑤左端面是齿轮在轴上的定位,轴段⑥右端面是右端轴承在轴上的定位,轴段②左端面是皮带轮在轴上的定位,左端轴承依靠套筒定位。

3. 轴上零件的固定

轴上各零件的相互连接可分为轴向固定、周向固定。

(1) 轴向固定 轴向固定是为了防止在轴向力作用下零件沿轴向窜动,常用的固定方法有轴肩、轴环、螺母、轴端挡圈等,见表 5-1-2。

表 5-1-2 轴上零件的轴向固定方式

固定方式	图示	应用	注意事项
轴肩		定位可靠,能承受较大的轴向载荷,用于各类零件的轴向定位和固定	轴的过渡圆角半径 r 应小于轴上零件的倒角 C 或圆角半径 R;轴肩高度小于滚动轴承内圈高度

（续表）

固定方式	图示	应用	注意事项
轴环	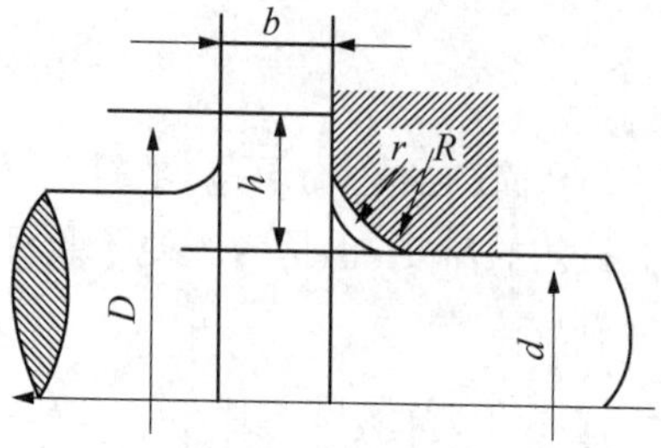		
套筒	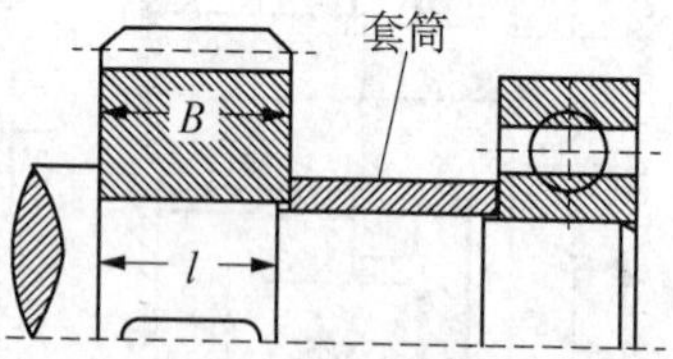	常用于两个距离相近的零件之间，起定位和固定的用	套筒与轴之间配合较松，不宜用于转速较高的轴上
轴端挡圈	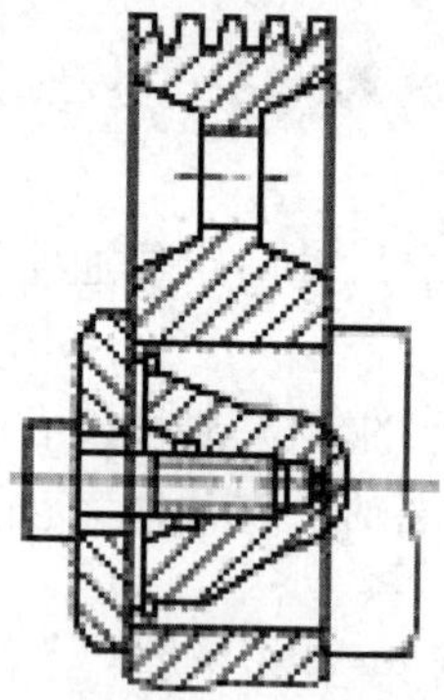	常与轴肩或锥面联合使用，固定零件稳定可靠，能承受较大的轴向力	
圆锥面	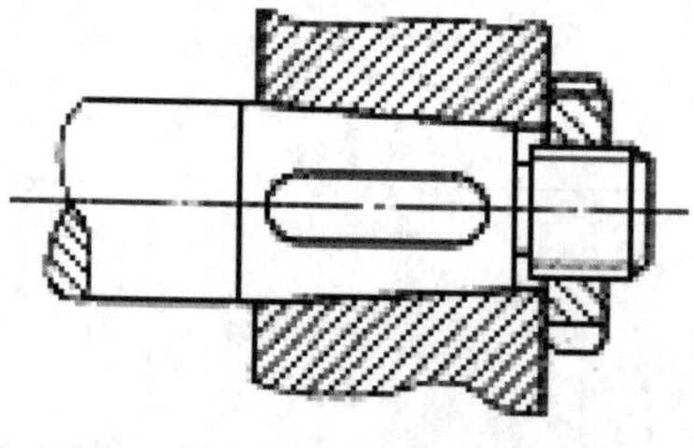	装拆方便，可兼作周向固定。宜用于高速、重载及零件对中性要求高的场合	只用于轴端，常与轴端挡圈联合使用，实现零件的双向固定
圆螺母	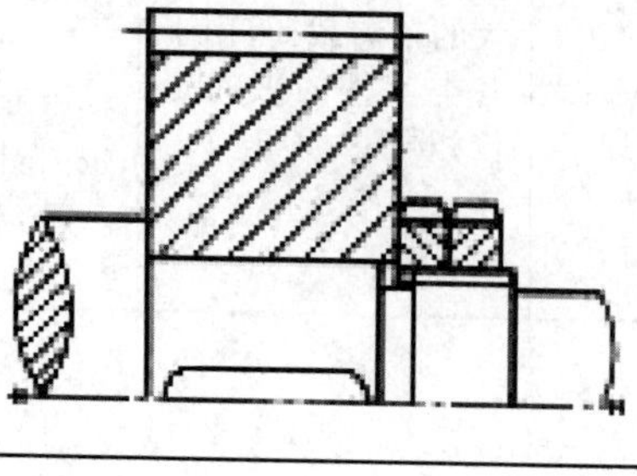	固定可靠，可承受较大的轴向力，但需切制螺纹和退刀槽，会削弱轴的强度。常用于轴上两零件间距离较大处，也可用于轴端	为防松，需加止动垫圈或使用双螺母

（续表）

固定方式	图示	应用	注意事项
弹性挡圈		结构简单，但在轴上需切槽，会引起应力集中，一般用于轴向力不大的零件的轴向固定	
紧定螺钉		结构简单，可兼作周向固定，传递不大的力或力矩	不宜用于高速旋转

如齿轮受到轴向力时，右端是通过轴肩⑤→轴段⑥右端面顶在滚动轴承内圈上，左端则通过套筒顶在滚动轴承内圈上。

（2）周向固定　在轴上零件传递扭矩时防止零件与轴产生相对的转动。大多采用键、花键、过盈配合或销等连接形式来实现，如图5-1-5所示。

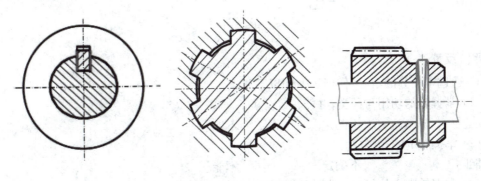

图5-1-5　周向固定

做一做　列举图5-1-6中的轴采用了哪几种固定形式。

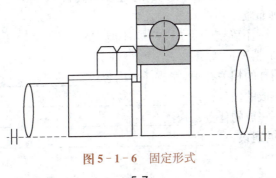

图5-1-6　固定形式

任务训练

1. 下列各轴中,属于转轴的是(　　)。
   A. 减速器中的齿轮轴　　　　　　B. 自行车的前、后轴
   C. 铁路机车的轮轴　　　　　　　D. 滑轮轴
2. 轴环的用途是(　　)。
   A. 作为加工时的轴向定位　　　　B. 使轴上零件获得轴向定位
   C. 提高轴的强度　　　　　　　　D. 提高轴的刚度
3. 在下述材料中,不宜用于制造轴的是(　　)。
   A. 45 钢　　　　B. 40Cr　　　　C. QT500　　　　D. ZcuSn10-1
4. 当采用轴肩定位轴上零件时,零件轴孔的倒角应(　　)轴肩的过渡圆角半径。
   A. 大于　　　　B. 小于　　　　C. 大于或等于　　　　D. 小于或等于
5. 简述习题图 1 中轴类零件的装拆方式,并简述零件采用了哪几种定位方式。

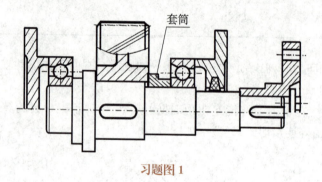

习题图 1

评价反馈

1. 通过本任务的学习,你能否做到以下几点:
(1) 掌握轴的功用与种类,并能正确分类。
　　能□　　　　　　不确定□　　　　　　不能□
(2) 掌握轴的结构组成。
　　能□　　　　　　不确定□　　　　　　不能□
(3) 掌握轴常用的材料及失效形式。
　　能□　　　　　　不确定□　　　　　　不能□
(4) 能在教师的指导下,运用所学知识,通过查阅资料,掌握轴上零件的定位、固定,能够对轴上零件进行合理布置。
　　能□　　　　　　不确定□　　　　　　不能□
2. 工作任务的完成情况:
(1) 能否正确运用轴的相关知识,完成任务内容:_____
(2) 与他人合作完成的任务:_____
(3) 在教师指导下完成的任务:_____
3. 你对本次任务的建议:_____

项目五 汽车轴系零部件应用

任务2 认识轴承

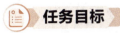

□了解轴承的分类与结构。
□掌握轴承的代号。
□掌握轴承的润滑方式及正确选用润滑剂。

 4

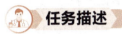

轴承是汽车的重要组成部分,在离合器、联轴器、万向节等总成中有重要的应用。轴承的功能是支承轴与轴上零件,保证轴的旋转精度,减少转轴与支承之间的摩擦。

想一想 在专业学习或日常生活中见过哪些场所应用了轴承,有几种类型,分别是什么结构?

一、滑动轴承

1. 滑动轴承的特点与类型

(1) 滑动轴承特点 承载能力强,工作平稳,噪声低,抗冲击,回转精度高,高速性能好。滑动轴承缺点是起动摩擦阻力大。由于滑动轴承的独特优点,某些特殊场合必须采用滑动轴承,如轴的转速很高、旋转精度要求特别高、承受很大的冲击和振动载荷、必须采用剖分结构及特殊工作条件等场合。

(2) 滑动轴承分类 滑动轴承分类见表5-2-1。

表5-2-1 滑动轴承分类

分类方法	类型	图示	特点
按承受载荷的方向	向心(径向)滑动轴承		分为整体式和剖分式两种

(续表)

分类方法	类型	图示	特点
按承受载荷的方向	推力滑动轴承	 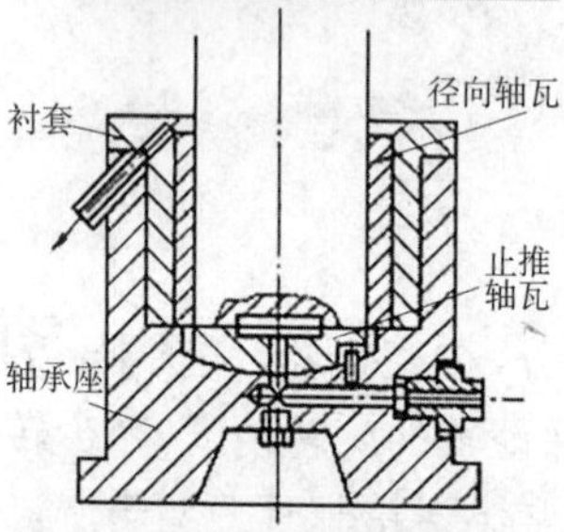	由轴承座、衬套、径向轴瓦和止推轴瓦组成。止推轴瓦的底部制成球面，以便对中。工作时润滑油从底部压入，从上部油管导出进行润滑
按轴系和轴承装拆的需要	整体式	 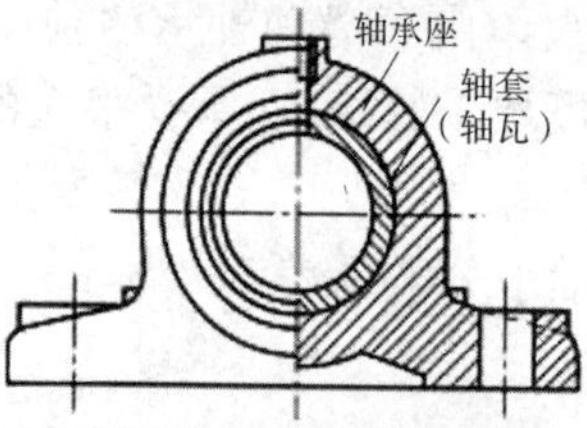	轴承座、轴套和润滑装置等部分组成。应用于低速、轻载或间隙工作的机器中
	剖分式	 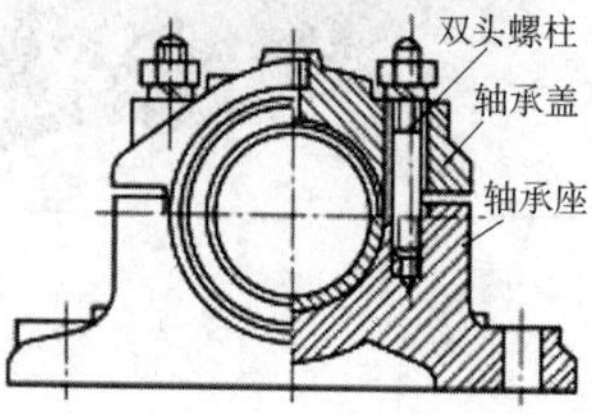	由轴承座、轴承盖、轴瓦和双头螺柱等组成。在轴承座和轴承盖的剖分面上制有阶梯形定位止口，以便于安装时对心。应用于低速、轻载或间歇性工作的机器中

按轴颈和轴瓦间的摩擦状态,还可分为液体摩擦滑动轴承和非液体摩擦滑动轴承。

2. 轴瓦结构

轴瓦是轴承中与轴颈直接接触的重要元件,其结构对轴承性能有很大的影响。为使轴瓦既有一定的强度,又具有良好的减摩性,有些轴瓦的表面浇铸一层减摩性好的材料(如轴承合金),称为轴承衬。

(1) 轴瓦分类 轴瓦分类见表 5-2-2。

表 5-2-2 轴瓦分类

类型图示		
名称	整体式轴瓦	对开式轴瓦
结构特征	圆柱形轴套	由上、下两半组成
备注	两端的凸肩用于防止轴瓦轴向窜动	

(2) 供油孔、油沟、油槽 将润滑油引入轴承,并布满于工作表面。供油孔和油沟油槽应开在轴瓦的非承载区,避免降低油膜承载能力,油槽的轴向长度一般取轴瓦宽度的 80%左右,不能开通,以免润滑油自油槽端部大量泄漏。常见油沟形式如图 5-2-1 所示。

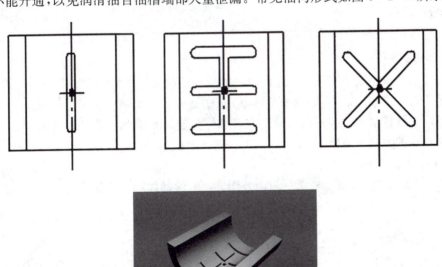

图 5-2-1 轴瓦上的油孔油槽

3. 常用滑动轴承的材料

在滑动轴承中最常见的失效形式是轴瓦磨损、胶合。对轴承材料的主要要求是：
① 足够的强度、硬度和耐磨性。
② 良好的塑性和韧性。
③ 较小的摩擦系数和高的磨合能力。
④ 良好的导热性、耐腐蚀和低的热膨胀系数等。
常用轴承材料有轴承合金、青铜材料等见表 5-2-3。

表 5-2-3 轴承材料

材料类型	具体分类	特征	应用场合
轴承合金（用来制造滑动轴承轴瓦和轴承衬的专用合金）	锡锑轴承合金（锡基巴氏合金）	软基体组织塑性高，能与轴颈磨合，承受冲击载荷；能储存润滑油，减少摩擦与磨损，而硬晶粒起支承作用。热膨胀系数低、摩擦因数小、耐腐蚀、易跑合、抗胶合能力强	常用于如汽轮机、涡轮机、内燃机等高速、重载机械
	铅锑轴承合金（铅基巴氏合金）	性能相似但略低于锡基轴承合金，但价格低廉	常用于某些要求不太高场合，如用于不宜承受较大载荷，中速、中载、一般用途的工业轴承
青铜（在一般机械中，有50%的滑动轴承采用青铜材料）	锡青铜	既有较好的减摩性和耐磨性，又有足够的强度，且熔点高	适用于重载、中速机械
	铅青铜		
	铝青铜	强度和硬度都较高，但抗胶合能力差	适用于重载、低速机械

二、滚动轴承

滚动轴承是依靠滚动体与轴承座圈之间的滚动接触来工作的轴承，用于支承旋转零件，广泛应用于各种机械设备中，如汽车变速器、制动器等。滚动轴承的尺寸已标准化，并由专门的轴承厂成批量生产。应根据具体的载荷、转速、旋转精度和工作条件等方面的要求，正确地选择轴承的类型和型号。

1. 滚动轴承的结构

如图 5-2-2 所示，滚动轴承一般由外圈、内圈、滚动体和保持架组成。

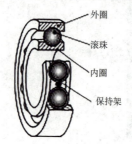

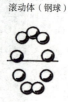

图 5-2-2 滚动轴承的结构

（1）外圈　装在轴承座孔内，一般不转动，起支承作用。
（2）内圈　装在轴颈上，随轴转动。
（3）滚动体　滚动轴承的核心元件，在内、外圈滚道上滚动，减小摩擦。滚动体有球形滚动体、圆柱滚子、圆锥滚子、球面滚子及滚针等形状，如图5-2-3所示。

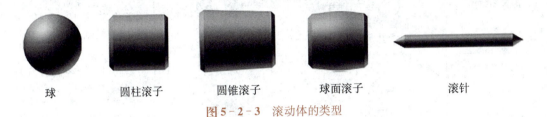

图 5-2-3　滚动体的类型

（4）保持架　将滚动体均匀隔开，避免滚动体之间的摩擦和磨损。

想一想　如图5-2-4所示，为一滚动轴承运转示意图，请在图中圈出滚动轴承，并找到其组成部件，说出各部件的作用。

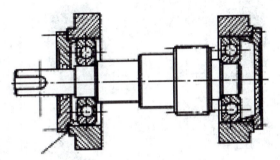

滚动轴承的类型

图 5-2-4　滚动轴承运转

2. 滚动轴承类型

滚动轴承有多种不同的类型，常用滚动轴承的类型、特性及应用见表5-2-4。

表 5-2-4　滚动轴承的类型

类型	示意图	实物图	特征及应用
圆锥滚子轴承			主要适用于承受以径向载荷为主的径向与轴向联合载荷，如桥轮毂、大型机床主轴、大功率减速器、车轴轴承箱、输送装置的滚轮等
推力球轴承			只能承受轴向负荷，主要应用于汽车转向机构、机床主轴

(续表)

类型	示意图	实物图	特征及应用
深沟球轴承	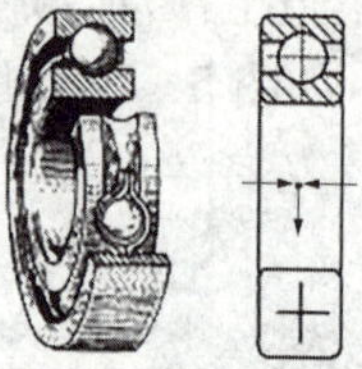		主要承受径向载荷,也可承受一定的轴向载荷。应用于汽车、机床、电机、水泵、农业机械、纺织机械等
角接触球轴承	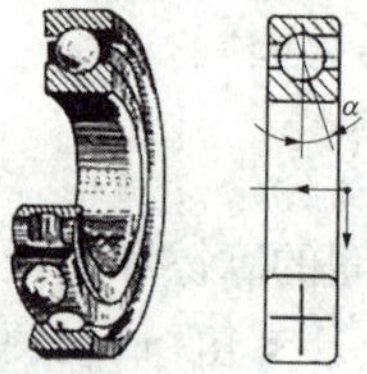		可以同时承受经向载荷和轴向载荷,也可以承受纯轴向载荷。其轴向载荷能力由接触角决定,并随接触角增大而增大。多用于油泵、空气压缩机、各类变速器、燃料喷射泵、印刷机械等
圆柱滚子轴承	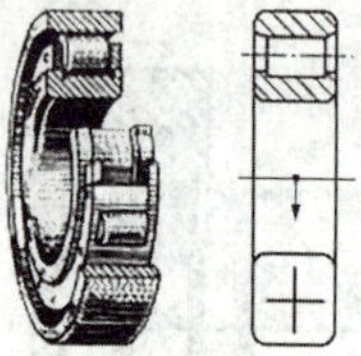		一般只用于承受径向载荷,主要用于大型电机、机床主轴、车轴轴箱、柴油机曲轴以及汽车、拖拉机的变速箱等
滚针轴承	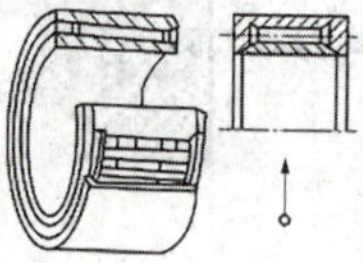		仅能承受径向载荷。应用于万向节轴、液压泵、薄板轧机、凿岩机、机床齿轮箱、汽车以及拖拉机机变速箱等
调心球轴承	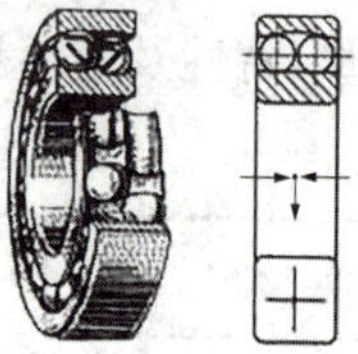		具有自动调心的性能,主要承受径向载荷。在承受径向载荷的同时,亦可承受少量的轴向载荷。应用在联合收割机等农业机械、鼓风机、造纸机、纺织机械、木工机械、桥式吊车走轮及传动轴上
调心滚子轴承	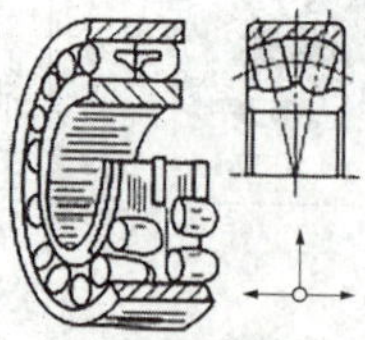		主要用于承受径向载荷,也能承受任一方向的轴向载荷。调心性能良好,能补偿同轴承误差。主要用于造纸机械、减速装置、铁路车辆车轴、轧钢机齿轮箱座、破碎机、各类产业用减速机等

3. 滚动轴承的代号

滚动轴承的类型和尺寸繁多,在同一系列中有不同的结构、尺寸精度及技术要求,为了方便生产和选用,《滚动轴承代号方法》(GB/T 272—993)规定了滚动轴承的代号,并打印在滚动轴承端面上,便于识别。滚动轴承代号的构成由前置代号、基本代号和后置代号3部分组成,见表5-2-5。

表5-2-5 滚动轴承代号的构成

前置代号（字母）	基本代号					后置代号（字母＋数字）					
	数字、字母	数字				密封与防尘代号	保持架及材料代号	特殊轴承材料代号	公差等级代号	游隙代号	多轴承配置代号	其他代号
	第5位	第4位	第3位	第2位	第1位						
轴承分布件代号	类型代号	尺寸系列代号		内径代号							
		宽度系列代号	直径系列代号								

(1) 前置代号 用字母表示成套轴承的分部件。前置代号及其含义可查阅机械设计手册。

(2) 基本代号

① 类型代号:基本代号右起第五位数字表示轴承的类型代号(尺寸系列代号如有省略则为第四位),见表5-2-6。

表5-2-6 轴承的类型

代号	轴承类型	代号	轴承类型
0	双列角接触球轴承	6	深沟球轴承
1	调心球轴承	7	角接触球轴承
2	调心滚子轴承	8	推力圆柱滚子轴承
3	圆锥滚子轴承	N	圆柱滚子轴承
4	双列深沟球轴承	NA	滚针轴承
5	推力球轴承		

② 尺寸系列代号:轴承在结构和内径相同的条件下还具有不同的外径和宽度,包括直径系列代号和宽度系列代号。基本代号右起第三位数字表示轴承的直径系列代号;基本代号右起第四位数字表示轴承的宽度系列代号,见表5-2-7。

表5-2-7 轴承的尺寸系列代号

代号	7	8	9	0	1
宽度系列	—	特窄	—	窄	正常
直径系列	超特轻		超轻		特轻
代号	2	3	4	5	6
宽度系列	宽		特宽		
直径系列	轻	中	重		—

注:宽度代号为0时可略去(但2、3类轴承除外)。

想一想 如图 5-2-5 所示为 4 种轴承,请找出尺寸的异同点,并对比承载能力的大小。

③ 内径代号:

基本代号右起第一、二位数字表示轴承公称内径尺寸,见表 5-2-8。

表 5-2-8 轴承的内径尺寸系列代号

内径代号	轴承公称内径/mm	内径代号	轴承公称内径/mm
0	10	03	17
01	12	04~99	数字×5
02	15		

注:(1) 内径尺寸小于 10 mm 和大于 495 mm 的轴承的内径尺寸另有规定。
(2) 轴承内径为 22 mm、28 mm、32 mm 除外。

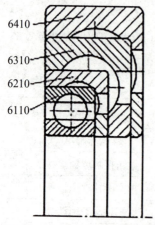

图 5-2-5 轴承的尺寸系列对比

(3) 后置代号 用字母(或加数字)表示,反映轴承的结构、公差、游隙及材料的特殊要求等,置于基本代号右边。

① 内部结构代号:反映同一类轴承的不同内部结构。例如,C、AC、B 分别代表角接触球轴承的接触角 $\alpha=15°$、$\alpha=25°$、$\alpha=40°$。

② 轴承的公差等级:共分为 6 个精度等级:P0、P6、P6x、P5、P4 和 P2,其中 P0 为普通级,标注时可省略,其余各级精度依次提高,P2 精度等级最高。

③ 轴承游隙:指滚动轴承内部内、外圈与滚动体之间留有的相对位移量,共分为 6 个组:C1、C2、C0、C3、C4、C5,也表示游隙量依次从小到大。C0 为常用的基本组游隙,标注时可省略。

做一做 1. 说明轴承代号 7312AC/P62 的含义。

2. 一角接触球轴承,内径 85 mm,宽度系列 0,直径系列 3,接触角 15°,公差等级为 6 级,其代号为_____。

4. 滚动轴承的润滑

要延长轴承的使用寿命和保持旋转精度,在使用中应及时维护,采用合理的润滑,并经常检查润滑状况。

(1) 润滑的作用

① 减少金属间的摩擦,减缓其磨损。

② 油膜的形成增大接触面积,减小接触应力。

③ 确保滚动轴承能在高频接触应力下长时间地正常运转,延长疲劳寿命。

④ 消除摩擦热,降低轴承工作表面温度,防止烧伤。

⑤ 起防尘、防锈、防蚀作用。

(2) 润滑剂种类 滚动轴承润滑一般可以根据使用的润滑剂种类分为油润滑、脂润滑和固体润滑 3 大类。

① 油润滑:当滚动轴承在高温、高速条件下工作时,须采用机油润滑。常用的润滑油有机械油、高速机械油、汽轮机油、压缩机油、变压器油和汽缸油等。一般来说,轴承的转速高

时选用低黏度的润滑油;轴承承受的负荷重时则应使用较高黏度的润滑油。根据油润滑时所选用润滑系统结构的不同,可把油润滑分为以下几类,见表5-2-9。

表5-2-9 油润滑分类

润滑方式	示意图	特征	具体应用
油浴润滑		润滑油被旋转的轴承零件带起并对轴承实施润滑后再流回油箱中。油面不应高于最下方滚动体中心,以免因搅油能量损失较大,使轴承过热	适用于中、低速的轴承
滴油润滑		利用润滑油的自重,一滴一滴地滴到摩擦副上。在其供油部位配油针阀式的注油杯。当轴承部件需定量供应润滑油时则可采用滴油润滑,滴油量一般以每3~8s一滴为宜,因为过多的油量会引起轴承温升增加	适用于机床导轨、轴承、齿轮、链条等部位的润滑
循环油润滑		可有效防止机油老化变质。润滑油通过油泵送到轴承部件,在位于轴承的一端装一个进油口,并在轴承的另一端装一个出油口。通过轴承后的润滑油经过滤、冷却可循环使用	适用于转速较高的轴承部件
喷油润滑		利用油泵将润滑油增压,通过油管或油孔,经喷嘴将润滑油对准轴承内圈与滚动体间的位置喷射,润滑轴承	适用于转速高、载荷大、要求润滑可靠的轴承
油气润滑		用压缩空气及少量的润滑油混合形成油雾,喷射到各运转的轴承中。与其他润滑方式相比,可使其运行温度降低,故允许轴承的转速可达较高。高压气流既可用来冷却轴承,还可有效地防止杂质侵入	适用于高速、高温和重载荷的工作环境

② 脂润滑：脂润滑不需要特殊的供油系统，具有密封装置简易、维修费用低以及润滑脂成本较低等优点，在低速、中速、中温运转的轴承中使用很普遍。最常用的润滑脂有钙基润滑脂、锂基润滑脂、铝基润滑脂和二硫化钼润滑脂等。

应按工作温度、轴承负荷和转速3个方面选择润滑脂。

按工作温度选择：工作温度在15℃以内时，可选用高黏度矿物油稠化的润滑脂，也可采用硅油稠化的锂基润滑脂。工作温度在50～70℃时，多采用双脂或者硅油等合成润滑油稠化的润滑脂。工作温度在70℃以内的低转速主轴中，多采用钠基润滑脂；中速时选用铝基脂；高速时选用锂基润滑脂或特种润滑脂。

按轴承负荷选择：轴承的负荷越大，润滑脂的黏度亦应越高，即选用针入度小的润滑脂类型，以保证在负荷作用下，接触面间有效地形成润滑油膜。随着轴承负荷的递减，选用润滑脂的黏度也应随之降低。

按轴承工作转速选用：根据轴承使用场合的特殊需要，还应按不同润滑脂的其他性能选用，如在潮湿或水分较多的工况条件下，钙剂脂因不易溶于水应为首选对象，钠基脂易溶于水则应在干燥和水分少的环境条件下使用。因此，轴承润滑脂的选择，应该以满足工作的具体生产条件来决定润滑脂类型的原则。

（3）固体润滑　如果使用油润滑和脂润滑达不到轴承所要求的润滑条件，或无法满足特定的工作条件，则可以使用固体润滑剂，或设法提高轴承自身的润滑性能。

5. 滚动轴承与周围零件之间的关系

轴承要能正常工作，除合理选择轴承类型、尺寸外，还要解决轴承在轴上轴向位置固定、轴承与其他零件的配合、间隙调整、装拆与润滑等问题。轴承在轴上的固定有两种形式。

（1）两端固定　如图5-2-6(a)所示，轴上两个支点中每个支点都能限制轴的单向移动，两个支点合起来就限制了轴的双向移动。这种固定适用于工作温度变化不大的短轴，考虑到轴受热伸长，在轴承盖与轴承外圈端面之间留出热补偿间隙C，$C=0.2\sim0.3$ mm，如图5-2-6(b)所示。

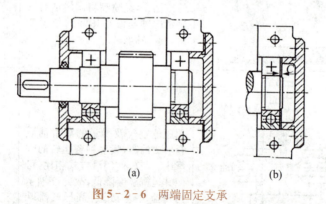

图5-2-6　两端固定支承

（2）一端固定、一端游动　如图5-2-7(a)所示，有一个支点双向固定以承受轴向力；另一个支点可做轴向游动，不承受轴向力。这种固定适用于工作温度变化较大的长轴。

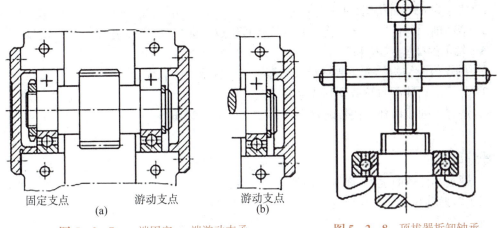

图 5-2-7 一端固定、一端游动支承　　图 5-2-8 顶拔器拆卸轴承

(3) 滚动轴承的拆装　轴承的内圈与轴颈配合较紧。小尺寸的轴承一般采用压力直接将轴承的内圈压入轴颈；尺寸较大的轴承可先放在温度为 80～100℃ 的热油中加热，使内孔胀大，然后用压力机装在轴颈上。

拆卸轴承时应使用专用工具，如图 5-2-8 所示，为便于拆卸，设计时轴肩高度不能大于轴承内圈高度。

任务实施

将汽缸体倒置在工作台上，拆下曲轴主轴承盖紧固螺栓，从两端到中间逐步拧松，取下主轴承盖。各缸主轴承盖有装配标记，不同缸的主轴承盖及轴瓦不能互相调换。

(1) 注意曲轴推力轴承的定位及开口的安装方向，如图 5-2-9 所示。
(2) 观察曲轴主轴承轴瓦油孔，区分上下轴瓦，如图 5-2-10 所示。
(3) 在曲轴箱轴承座上正确安装曲轴轴瓦。

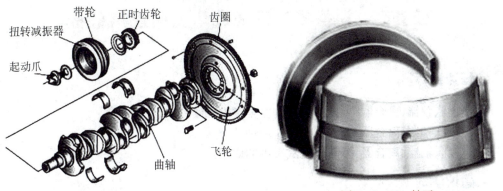

图 5-2-9 曲轴主轴瓦　　图 5-2-10 轴瓦

想一想　代号 30108、30208、30308 的滚动轴承的什么不同。

任务训练

1. 代号为 6318 的滚动轴承内径为 _____ mm。
2. 滚动轴承的代号由基本代号及后置代号组成,其中基本代号表示 _____。
   A. 轴承的类型、结构和尺寸　　　　B. 轴承组件
   C. 轴承内部结构的变化和轴承公差等级　D. 轴承游隙和配置
3. 常用滚动轴承的类型及其代号有哪些?
4. 解释下列滚动轴承代号的含义:(1) 6308;(2) 30213。

评价反馈

1. 通过本任务的学习,你能否做到以下几点:
（1）掌握轴承的分类与结构。
　能□　　　　　不确定□　　　　　不能□
（2）掌握常用的滚动轴承类型。
　能□　　　　　不确定□　　　　　不能□
（3）掌握滚动轴承的代号编制。
　能□　　　　　不确定□　　　　　不能□
（4）能在教师的指导下,运用所学知识,通过查阅资料,了解的轴承基本的润滑方式及润滑油的选用。
　能□　　　　　不确定□　　　　　不能□
2. 工作任务的完成情况:
（1）能否正确运用轴承的相关知识,完成任务内容:_____
（2）与他人合作完成的任务:_____
（3）在教师指导下完成的任务:_____
3. 你对本次任务的建议:_____

任务3　轴系零部件在汽车上的应用分析

任务目标

□掌握联轴器、离合器、万向节组成的主要类型和结构特点。
□掌握联轴器、离合器、万向节的工作原理。
□掌握联轴器、离合器、万向节在汽车中的应用。

建议学时　4

任务描述

轴系零部件和连接零件是汽车的重要组成部分,在汽车上的应用包括联轴器、离合器、

万向节等。其设计是否正确、选择是否合理会直接影响汽车的工作性能。

想一想 如图5-3-1为联轴器、离合器、万向节,请将图片与零件名称对应上,并填写在下方的空格内。

图5-3-1 零件示意图

学习过程

一、联轴器和离合器

1. 联轴器和离合器的作用

联轴器和离合器的特性和作用见表5-3-1。

表5-3-1 联轴器和离合器的特性和作用

零件名称	图示	作用	工作特性	作用补充
联轴器		连接两轴(或轴与转动件),并传递运动和转矩	联轴器连接的两轴只有在机器停车后,通过拆卸才能彼此分离	还可作为安全装置,起过载保护的作用
离合器		可以实现汽车的起动、停车、变速器的平稳换挡	离合器连接的两轴可在机器转动过程中随时分离和接合	传动系统的过载保护,防止从动件的逆转,控制传递转矩的大小以及满足结合时间等要求

想一想 在汽车中,发动机与变速器之间是选用离合器还是联轴器?

2. 联轴器的类型

根据其是否能补偿轴的轴线偏差,将联轴器分为刚性联轴器和挠性联轴器两大类。挠性联轴器又按照是否具有弹性元件,分为无弹性元件挠性联轴器和有弹性元件挠性联轴器。几种常见联轴器见表5-3-2。

表 5-3-2 联轴器的类型

分类方法	类型	图示	特征	应用
刚性联轴器	套筒联轴器	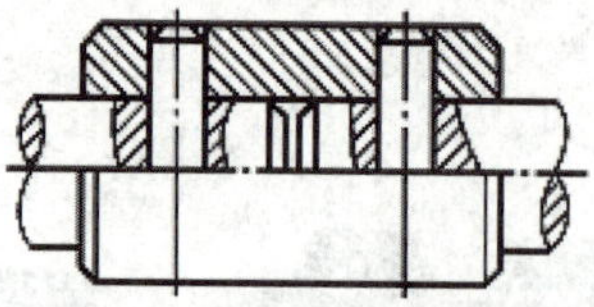	结构简单,径向尺寸小,成本低	适用于载荷不大,工作平稳,两轴严格对中处,在机床工业中广泛应用
刚性联轴器	凸缘联轴器		结构简单,维护方便,能传递较大的转矩,但不能补偿两轴之间的相对位移,因此对两轴的同轴度要求较高	适用于转速低、无冲击、轴的刚性大、对中性较好时的场合
无弹性元件挠性联轴器	十字滑块联轴器		可补偿两轴的相对位移,但不能缓冲减振。选用时应注意其工作转速不得大于规定值	广泛用于通用机械、水工机械、工程机械、冶金机械、矿山机械、化工机械等多种场合
无弹性元件挠性联轴器	万向联轴器		结构紧凑,维护方便,允许两轴间有较大的角偏移,而且机器运转中夹角发生改变时仍能正常传动	广泛用于汽车、多头钻床等机器的传动系统中
无弹性元件挠性联轴器	齿式联轴器		通过啮合齿间的顶隙、侧隙,实现两轴间径向、轴向、角综合位移补偿功能;承载能力大,工作可靠;制造成本高,安装精度高,要润滑	一般用于起动频繁,经常正、反转,传递运动要求准确的场合,如用于汽车等大型机械设备中
有弹性元件挠性联轴器	弹性套柱销联轴器		在结构上与凸缘联轴器相似。弹性套柱销连轴器制造容易,装拆方便,成本较低,但弹性套易磨损,寿命较短	适于载荷平稳,正反转或启动频繁,转速高的中小功率的两轴连接
有弹性元件挠性联轴器	弹性柱销联轴器	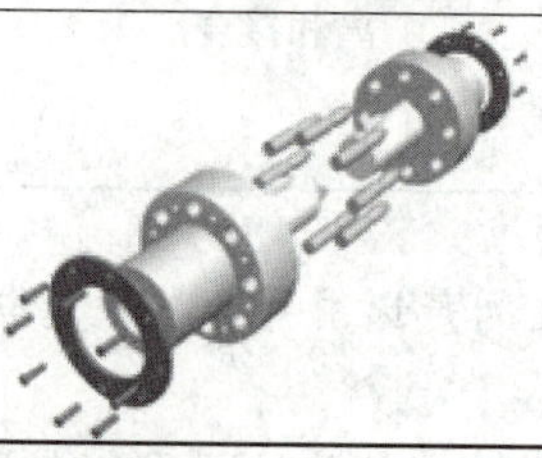	用弹性柱销将两个半联轴器连接起来,结构简单,安装、制造方便,耐久性好,也有吸振和补偿轴向位移的能力	常用于轴向窜动量较大,经常正反转,起动频繁,转速较高的场合,可代替弹性套柱销联轴器

做一做 查阅资料,说明汽车中哪些地方用到了联轴器,它们都属于什么类型。

3. 联轴器在汽车中的应用

在汽车中,常用的联轴器是万向联轴器。在转向系统中,方向盘与转向器的两轴中心线不重合，因此两轴的连接总是存在很大的交叉角度，故使用双万向联轴器，如图 5-3-2 所示；同样，传动系统中变速器与驱动桥之间也存在着很大的交角，因此其传动轴上通常是使用 3 个万向节，如图 5-3-3 所示。

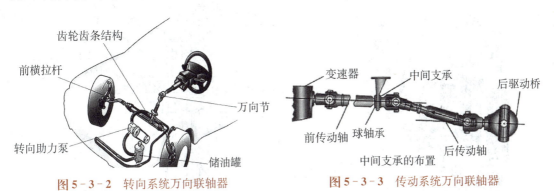

图 5-3-2　转向系统万向联轴器　　　　图 5-3-3　传动系统万向联轴器

4. 离合器

离合器按工作原理不同可分为牙嵌式、摩擦式和超越离合器 3 类。几种常用离合器见表 5-3-3。

表 5-3-3　离合器的类型

分类方法	类型	图示	特征	应用
牙嵌式离合器	牙嵌式离合器		结构简单、尺寸紧凑、工作可靠、承载能力大、传动准确，但在运转时接合有冲击，容易打坏牙	适用于低速或停机时的接通或分离
摩擦式离合器	多盘摩擦式离合器		两轴能在任何转速下接合，接合与分离过程平稳，过载时会打滑，适用载荷范围大。其缺点是结构复杂，成本较高，产生滑动时两轴不能同步转动	一般应用于经常启动、制动或频繁改变速度大小和方向的机械中，如汽车、拖拉机等
超越离合器	滚柱式单向离合器		可实现单向超越（或接合），接合比较平稳，无噪音。定向离合器只能按一个转向传递转矩，反向时能自动分离	广泛应用于金属切削机床、汽车、摩托车和各种起重设备的传动装置中，如自行车的后链轮

5. 离合器在汽车中的应用

在汽车中，常用的离合器是多片摩擦式离合器，主要功能是在传动系统中平稳接合或切断发动机与传动系统的动力传递，便于发动机启动及在运行过程中切换挡位。

6. 离合器工作原理

（1）离合器的组成　摩擦式离合器靠机械摩擦传动，主要结构如图5-3-4所示。

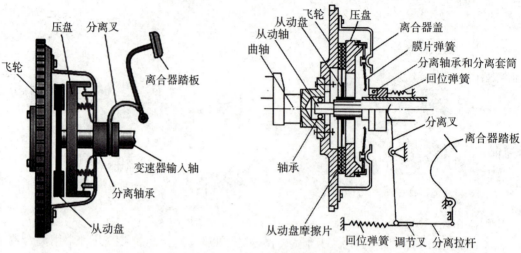

图 5-3-4　离合器结构

根据各结构元件的动力传递和作用不同，摩擦式离合器（膜片弹簧式）可分为4部分，见表5-3-4。

表 5-3-4　离合器结构组成

组成部分	作用	主要组成	图示	备注
主动部分	接收发动机动力	飞轮 离合器盖 压盘		压盘在工作过程中既接受离合器盖传来的动力，又要在离合器分离和结合过程中轴向移动
从动部分	将主动部分的动力传递给变速器的输入轴	从动盘 变速器输入轴		
压紧机构	保证扭矩传递	压紧弹簧		与主动部分一起旋转，以离合器盖为依托，将压盘压向飞轮，将飞轮与压盘间的从动盘压紧

5-24

(续表)

组成部分	作用	主要组成	图示	备注
操纵机构	驾驶员借以使离合器分离,而后又使之柔和接合的一套机构	离合器踏板		分离杠杆外端与压盘铰接,中部通过铰接支撑在离合器盖上,内端和分离轴承接触。分离时,分离轴承和分离套筒装可做轴向移动
		分离拉杆		
		分离叉		
		分离轴承		
		分离套筒		

知识链接

离合器的自由间隙

离合器处于结合状态时,分离杠杆内端与分离轴承之间预留的间隙,一般为 15～25 mm。留有自由间隙是为了防止出现离合器打滑,可以防止从动盘摩擦发生磨损变薄时,离合器出现结合不彻底的情况。

知识链接

离合器踏板自由行程

踩下离合器踏板时,首先需要消除离合器的自由间隙,然后才开始分离行程,为消除离合器间隙所需的离合器踏板行程,称为离合器踏板自由行程。可通过改变分离拉杆的长度来改变踏板自由行程。

想一想 离合器要想正常地接合和中断动力,首先需要有动力来源,那么离合器动力是来自汽车的什么装置?

(2) 离合器的工作原理 传动系统中,摩擦式离合器的主动部分和从动部分是靠摩擦作用来传递扭矩的。离合器从飞轮处获得动力,并通过离合器的主动部分传递动力,主动部分又在摩擦力的作用下带动变速器的输入轴运转。离合器的工作状态见表 5-3-5。

表 5-3-5 离合器工作状态

工作状态	传动路线	图示	备注
接合状态	发动机的转矩经飞轮直接传给离合器盖和压盘,并通过压盘、从动盘、飞轮之间摩擦面的摩擦产生摩擦力矩传给从动盘,再通过花键传给变速器输入轴,最后输入变速器		压紧弹簧将压盘、从动盘、飞轮互相压紧

(续表)

工作状态	传动路线	图示	备注
分离状态	踩下离合器踏板时,分离轴承左移压下膜片弹簧,压盘向右移动,主、从动部分分开,从动盘不能传递摩擦力,离合器分离,动力传递中断,发动机的动力无法通过变速器输入轴传递给变速器	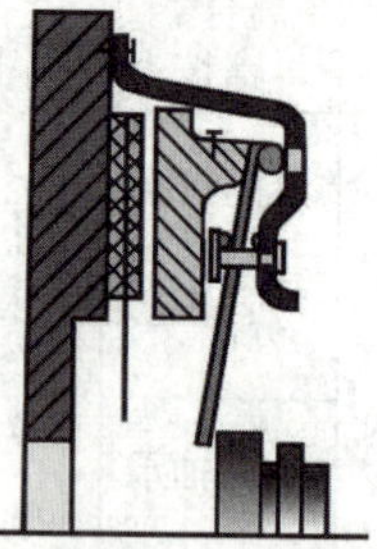	膜片弹簧起杠杆的作用

当启动或换挡完毕,逐渐抬起离合器踏板时,操纵机构在各自回位弹簧的作用下回位,压盘在压紧弹簧的作用下前移逐渐压紧从动盘,从动盘与压盘、飞轮的接触面之间产生摩擦力矩并逐渐增大,动力由飞轮、压盘传给从动盘经变速器输入轴传递至变速器。在这一过程中,从动盘及变速器输入轴转速逐渐提高,直至与离合器主动部分相同,主动部分和从动部分完全接合,离合器处于接合状态,接合过程结束。

二、万向节

万向节是实现转轴之间变角度传递动力的部件,常与传动轴、中间支承配合组成万向传动装置,如图 5-3-5 所示,应用于汽车的传动系统。

图 5-3-5 万向传动装置

想一想 在传动系统中,哪些场合需要使用万向传动装置?

1. 万向节的类型

按扭转方向上是否有明显弹性,万向节可分为刚性万向节及挠性万向节。刚性万向节是靠刚性铰链式零件传递动力,其弹性较小;而挠性万向节则是靠弹性元件传递动力,其弹性较大,且具有缓冲减振作用。

汽车上普遍采用刚性万向节。刚性万向节按照其传动性质又可分为不等速万向节、准等速万向节、等速万向节等。几种常见万向节见表 5-3-6。

表 5-3-6 常见万向节类型

分类方法	二级分类	类型	图示	结构组成	特征
刚性万向节	不等速	十字轴式刚性万向节	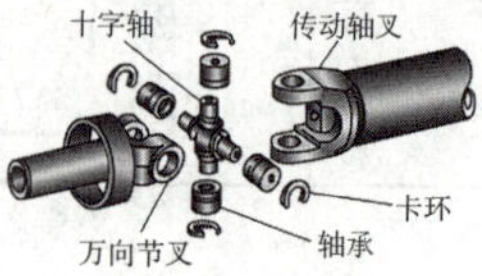 	由万向节叉、十字轴、滚针轴承、油封和油嘴等组成	可以保证在轴间交角变化(一般为15°~20°)时可靠地传递动力,结构简单,传动效率高。有夹角的情况下不能传递等速运动

(续表)

分类方法	二级分类	类型	图示	结构组成	特征
刚性万向节	准等速万向节	双联式万向节	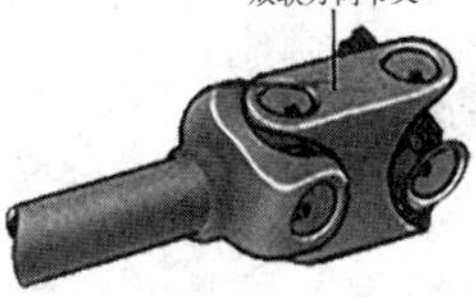	两个十字轴式万向节相连	允许有较大的轴间夹角,轴承密封性好、效率高、制造工艺简单、工作可靠等,多用于越野汽车
		三销轴式万向节		由2个偏心轴叉、2个三销轴以及6个轴承及密封件等组成	允许相邻两轴间有较大的夹角,用于一些越野车的转向驱动桥
		球叉式万向节	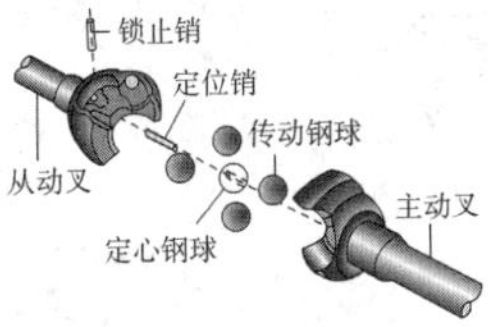	由两个万向节叉,四个传力钢球和一个定心钢球组成	结构简单、允许最大交角为32°~33°,但钢球所受单位压力较大,磨损较快,应用于轻、中型越野车
	等速万向节	固定型球笼式万向节(RF节)	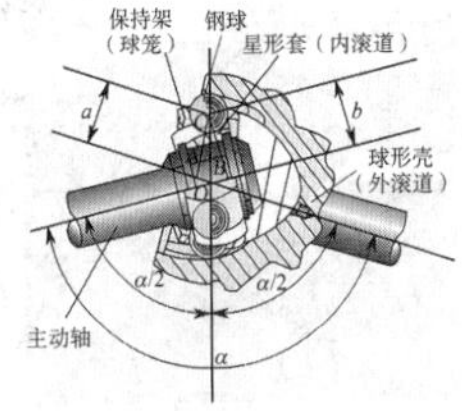	由星形套、钢球保持架(球笼)、球形壳等组成	在传递转矩的时候,主从动轴之间只能相对转动、不会产生轴向位移。广泛应用于采用独立悬架的转向驱动桥靠近车轮处
		伸缩型球笼式万向节(VL节)	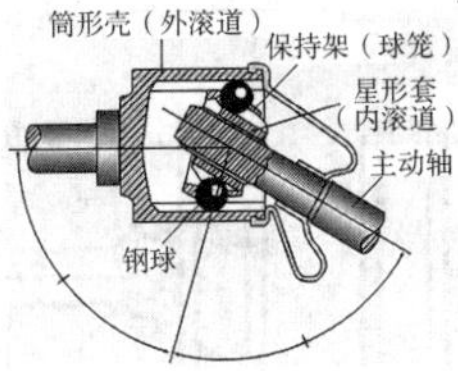		在传递转矩过程中,主从动轴之间不仅能相对转动,而且可以产生轴向位移。广泛应用于采用独立悬架的轿车转向驱动桥靠近驱动桥处
挠性万向节	挠性万向节	挠性万向节	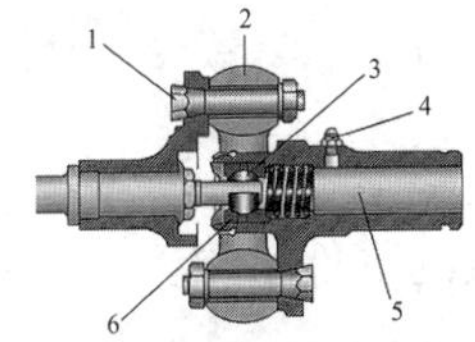 1 螺丝 2 橡胶 3 中心钢球 4 黄油嘴 5 传动凸缘 6 球座	弹性元件、定心装置等	挠性万向节一般用于两轴间夹角不大(3°~5°)和只有微量轴向位移的万向传动场合。弹性件可起减振作用,结构简单,无需润滑

2. 万向节在汽车中的应用

万向节在汽车中的应用主要包括转向系统(图5-3-6)和传动系统(图5-3-7)。

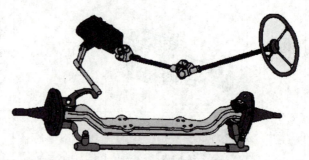

图5-3-6 转向系统万向节

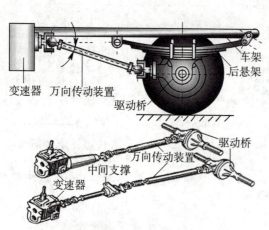

(a) 变速器与驱动桥之间的万向传动装置

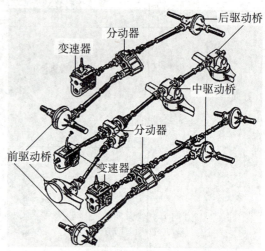

(b) 万向传动装置用于变速器、分动器、驱动桥之间

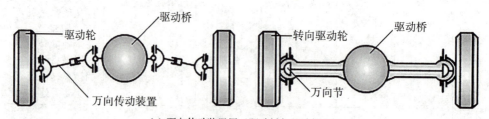

(c) 万向传动装置用于驱动桥与驱动轮之间

图5-3-7 传动系统万向节

做一做

1. 写出图5-3-8所示数字所代表的零件名称。

1—_____ 2—_____ 3—_____
4—_____ 5—_____ 6—_____
7—_____

图 5-3-8　离合器及操纵机构

2. 当发动机运转,离合器处于完全接合状态时,变速器的第一轴(　　)。
   A. 不转动　　　　　　　　B. 比发动机曲轴转速低
   C. 与发动机曲轴转速相同　　D. 比发动机曲轴转速高

3. 离合器压盘靠飞轮带动旋转,同时它还可以相对飞轮(　　)。
   A. 径向移动　　B. 平面摆动　　C. 轴向移动　　D. 轴向摆动

任务检测

请写出图 5-3-9 中数字所代表的零件名称。

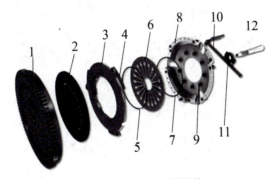

图 5-3-9　离合器结构

想一想　十字轴式不等速万向节,当主动轴转过一周时,从动轴转过(　　)。
　　A. 一周　　B. 小于一周　　C. 大于一周　　D. 不一定

任务训练

1. 下面万向节中属于等速万向节的是(　　)。
   A. 十字轴式　　B. 双联式　　C. 球叉式　　D. 三销轴式

2. 当采用轴肩定位轴上零件时,零件轴孔的倒角应( )轴肩的过渡圆角半径。
   A. 大于
   B. 小于
   C. 大于或等于
   D. 小于或等于
3. 在载荷具有冲击、振动,且轴的转速较高、刚度较小时,一般选用( )。
   A. 刚性固定式联轴器
   B. 刚性可移式联轴器
   C. 弹性联轴器
   D. 安全联轴器
4. 查阅资料,万向节在汽车上的应用有哪些,分别使用什么类型的万向节?

评价反馈

1. 通过本任务的学习,你能否做到以下几点:
(1) 掌握联轴器、离合器和万向节的功用与种类。
   能□　　　　不确定□　　　　不能□
(2) 掌握离合器的工作原理。
   能□　　　　不确定□　　　　不能□
(3) 能在教师的指导下,运用所学知识,通过查阅资料,掌握离合器和万向节在汽车上的应用。
   能□　　　　不确定□　　　　不能□
2. 工作任务的完成情况:
(1) 能否正确运用轴的相关知识,完成任务内容:＿＿＿＿＿＿
(2) 与他人合作完成的任务:＿＿＿＿＿＿
(3) 在教师指导下完成的任务:＿＿＿＿＿＿
3. 你对本次任务的建议:＿＿＿＿＿＿

任务4　拆装汽车万向传动装置

任务目标

□掌握汽车万向传动装置拆装工具及使用方法。
□掌握汽车万向传动装置拆装步骤及工作要点。
□掌握汽车万向传动装置拆装的注意事项。

建议学时　6

任务描述

万向传动装置是由万向节、传动轴及中间支承组成,在汽车上的应用主要为连接变速器输出轴与主减速器的输入轴,将变速器的动力传递给主减速器。本节课,我们以桑塔纳汽车万向传动装置为例,了解万向传动装置的拆装及检修。

想一想 在拆装万向节前,请收集资料,了解万向节的拆装步骤及注意事项,特别是拆装工具的选择,做好拆装前的准备工作。

学习过程

一、万向节拆装工具及使用方法

1. 设备的选择

桑塔纳汽车一辆、万向传动装置一套、举升机。

2. 选择工具

套筒和手摇杆、梅花扳手、指针扭力扳手、可调扭力扳手、一字起子、十字起子、尖嘴锤、橡胶锤、木柄手锤、卡簧钳、铜棒、撬杆、棘轮扳手、接杆。

3. 选择耗材

洗涤油盆、润滑脂、记号笔、刷子、汽油、毛巾。

任务实施

活动一 拆卸十字轴万向传动装置

步骤1:拆卸车轮。

步骤2:拆卸制动系统。

步骤3:拆卸传动轴总成。

步骤4:分离万向传动装置。

步骤5:清洗各个零件

提示

(1) 正确使用举升机,车辆举升到位,锁紧举升支臂。
(2) 禁止使用硬金属手锤敲击球壳,以免损伤万向节。

● **任务检测**

检修十字轴万向传动装置,并填写表5-4-1。

表5-4-1 检修十字轴万向传动装置

检查项目	是否磨损	是否需要更换
内、外万向节球壳是否存在裂痕、破损		
钢球圆面是否有凹陷、斑点、划痕及不规则磨损等现象		
球笼是否有开裂、变形等现象		
检查球毂、球壳轨道是否有凹陷、斑点、划痕及不规则磨损等现象		
花键轴是否有破损、弯曲变形、花键损伤等现象		
橡胶护罩是否有破裂、橡胶老化等现象		

活动二 装配万向传动装置

步骤1:安装万向节。

步骤2:万向节安装到传动轴上。

步骤3:将传动轴花键轴装入轮毂轴孔内。

步骤4:安装制动系统。

步骤5:安装车轮。

二、万向节拆装的注意事项

（1）禁止直接使用硬金属手锤敲击万向节,以免损伤万向节。

（2）旋紧或旋松传动轴凸缘固定螺栓时,可将起子插入制动盘散热孔内限制传动轴转动。

（3）使用举升机时,车辆举升到位应先锁止支臂,以防发生危险。

（4）下摇臂球头销定位螺栓旋紧力矩为50 N·m。

(5) 传动轴凸缘上固定螺栓旋紧力矩为 40 N·m。
(6) 传动轴与轮毂的固定螺母旋紧力矩为 230 N·m。
(7) 车轮的固定螺栓旋紧力矩为 110 N·m。

任务训练

1. 根据本任务中描述的万向传动装置拆卸步骤,完成相应的实训操作。

序号	考核操作内容	配分	评分标准	操作记录	自评	他评
1	正确使用工具仪器	10	工具使用不当扣 10 分			
2	正确的拆卸万向传动装置	30	拆卸顺序错误酌情扣分 操作不当扣 2 分			
	正确拆卸万向节	20	拆卸操作不当扣 2 分			
	解体顺序正确	20	拆卸操作不当扣 2 分			
3	所有零件摆放整齐	10	组装顺序错误酌情扣分			
4	整理工具、清理现场	10	每项扣 2 分,扣完为止			
	安全用电,防火,无人身、设备事故		有违规操作,发生重大人身和设备事故,此项按 0 分			
5	合计	100				
6	教师评分	100	仪器工具选用	10		
			基本技能	40		
			职业素养	10		
			任务完成情况	40		
	综合评价和建议:					
	任课教师签字:				年 月 日	

2. 根据本任务中描述的万向传动装置安装步骤,完成相应的实训操作。

序号	考核操作内容	配分	评分标准	操作记录	自评	他评
1	正确使用工具仪器	10	工具使用不当扣 10 分			
2	正确的安装万向节	20	安装时操作不当扣 2 分			
	正确的安装万向传动装置	20	安装时操作不当扣 2 分			
	安装顺序正确	30	安装时顺序错误酌情扣分 操作不当扣 2 分			
3	组装后万向传动装置能够正常工作	10	若不能正常工作扣 10 分			

(续表)

序号	考核操作内容	配分	评分标准	操作记录	自评	他评
4	整理工具、清理现场	10	每项扣2分,扣完为止			
	安全用电、防火,无人身、设备事故		有违规操作,发生重大人身和设备事故,此项按0分			
5	合计	100				
6	教师评分	100	仪器工具选用	10		
			基本技能	40		
			职业素养	10		
			任务完成情况	40		

综合评价和建议:

任课教师签字:　　　　　　　　　　　　　　　　　　年　　月　　日

评价反馈

1. 通过本任务的学习,你能否做到以下几点:
(1) 掌握万向传动装置拆装工量具和设备的使用方法。
能□　　　　不确定□　　　　不能□
(2) 掌握万向传动装置拆卸方法和工作要点。
能□　　　　不确定□　　　　不能□
(3) 掌握万向传动装置零件的检测方法。
能□　　　　不确定□　　　　不能□
(4) 掌握万向传动装置装配方法和工作要点。
能□　　　　不确定□　　　　不能□
(5) 能在教师的指导下,运用所学知识,通过查阅资料,完成实训报告的填写。
能□　　　　不确定□　　　　不能□
2. 工作任务的完成情况:
(1) 能否正确使用工量具和设备,完成任务内容:＿＿＿＿＿
(2) 与他人合作完成的任务:＿＿＿＿＿
(3) 在教师指导下完成的任务:＿＿＿＿＿
3. 你对本次任务的建议:＿＿＿＿＿

项目六

【 汽车机械基础 】

发动机结构与分析

发动机是汽车行驶的动力来源,也是汽车的关键组成部分,一般情况下,汽车发动机主要由两大机构及 5 大系统组成。两大机构主要包括曲柄连杆机构和配气机构;五大系统主要包括起动系统、冷却系统、燃料供给系统、润滑系统和点火系统。掌握发动机的装配结构及运动分析是汽车故障诊断的重要前提。本项目学习曲柄连杆机构、凸轮机构、带传动与链传动等内容。

学习目标

1. 能正确描述发动机的基本结构组成和功用以及各零件间运动情况。
2. 能根据任务要求,列出所需工具及材料清单,合理制订工作计划。
3. 熟悉发动机各部件的结构、类型、标记及在汽车上的应用。
4. 能正确使用常用测量工具,进行检测、拆卸、装配。
5. 能按照作业规程,在任务完成后清理现场。

  建议学时   20 学时

任务1 认识曲柄连杆机构

任务目标

☐ 能指出曲柄连杆机构各部件的名称。
☐ 能分析曲柄连杆机构各部件的受力情况。
☐ 能描述曲柄连杆机构各部件的特点。

建议学时 2

任务描述

曲柄连杆机构由机体组、活塞连杆组、曲轴飞轮组3部分组成。它是往复式发动机实现工作循环，完成能量转换的主要运动部件。能正确识别发动机曲柄连杆机构的主要部件。

想一想 曲柄连杆机构是发动机中的一个重要组成部分，它是如何实现工作循环、完成能量转换的？

学习过程

一、曲柄连杆机构的组成

曲柄连杆机构组成，如图6-1-1所示。

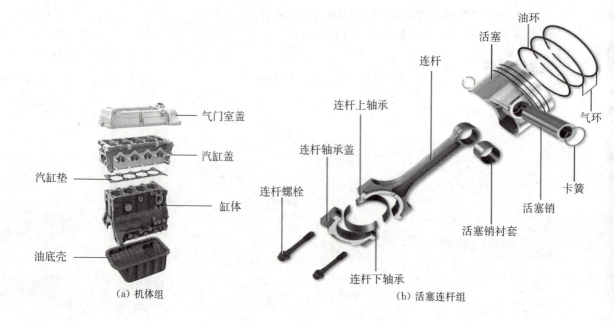

(a) 机体组　　　　　　　　　　(b) 活塞连杆组

(c) 曲轴飞轮组

图 6-1-1　曲柄连杆机构

(一) 机体组的结构

如图 6-1-2 所示,机体组是构成发动机的骨架,是发动机各机构和各系统的装配基体,其内、外安装着发动机的所有主要零件和附件,承受各种载荷。因此,机体必须要有足够的强度和刚度。

1. 汽缸体

如图 6-1-3 所示:

(1) 功用　发动机的基体和骨架,安装零件。为减轻发动机的质量,要求汽缸体的结构紧凑、质量轻。

(2) 材料　铝合金铸造。

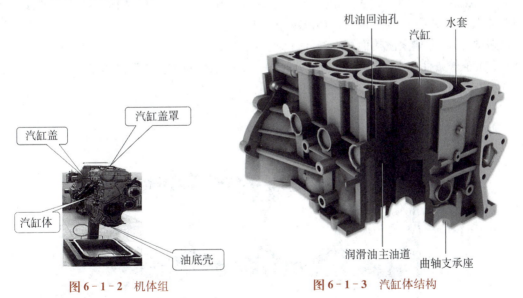

图 6-1-2　机体组　　　　　图 6-1-3　汽缸体结构

(3) 分类　有水冷式汽缸体和风冷式汽缸体。水冷式汽缸体一般与上曲轴箱铸成一体。汽缸体上部分与周围的空腔相互连通构成水套，下半部分是曲轴箱，用来支承曲轴。

2. 汽缸盖

如图 6-1-4 所示：

(1) 功用　密封汽缸上部，并与活塞顶部和汽缸壁一起构成燃烧室，汽缸盖内部也有冷却水套，其端面的冷却水孔与汽缸体的冷却水孔相通，以便利用循环冷却液来冷却燃烧室等高温部分。

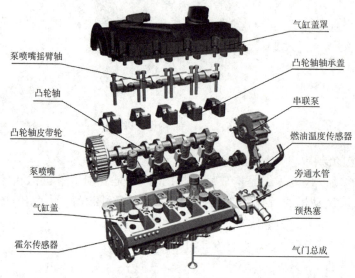

图 6-1-4　汽缸盖

(2) 材料　铝合金。

(3) 特点　一般水冷式发动机汽缸盖内铸有冷却水套，缸盖下端面与缸体上端面向所对应的水套是相通的，利用水的循环来冷却燃烧室壁等高温部分；风冷式发动机汽缸盖上铸有许多散热片，靠增大散热面积来降低燃烧室的温度。

(4) 工作条件　由于接触温度很高的燃气，所以承受的热负荷很大。

(5) 类型　分开式汽缸盖和整体式汽缸盖。

3. 汽缸衬垫

如图 6-1-5 所示：

图 6-1-5　汽缸衬垫

(1) 功用　安装在汽缸盖与汽缸体之间,保证汽缸盖与汽缸体之间接触面的密封,防止漏气、漏水、漏油。

(2) 材料　金属-石棉。

(3) 安装注意　金属皮的金属-石棉汽缸垫,缸口金属卷边一面应朝向汽缸盖,汽垫损坏后只能更换。

4. 油底壳

如图6-1-6所示：

(1) 功用　又称为下曲轴箱。曲轴箱与油底壳之间有密封衬垫,储存机油并封闭曲轴箱。

(2) 材料　薄钢板冲压、铝合金铸造。

(二) 活塞连杆组的结构

活塞连杆组由活塞、活塞环、活塞销、连杆、连杆轴承等组成,如图6-1-7所示。

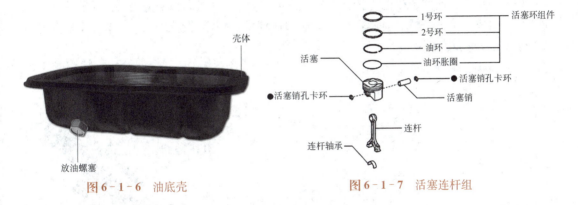

图6-1-6　油底壳　　　　图6-1-7　活塞连杆组

1. 活塞

如图6-1-8所示：

(1) 功用　承受气体压力,并且与汽缸盖、汽缸壁等共同组成燃烧室,通过活塞销将作用力传给连杆,以推动曲轴旋转。

(2) 组成　活塞可分为顶部、头部和裙部3部分。

(3) 材料　铝硅合金。

活塞连杆组拆装

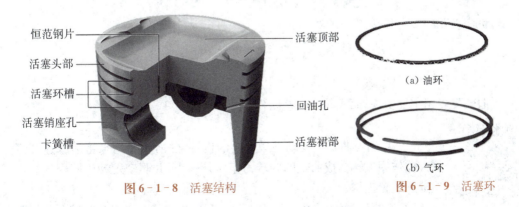

图6-1-8　活塞结构　　　　图6-1-9　活塞环

2. 活塞环

如图 6-1-9 所示：

（1）功用　环安装在活塞环槽内，主要用来密封活塞与汽缸壁之间的间隙，防止窜气，同时具有传热、辅助刮油、布油的作用。

（2）分类　分为普通环和组合环，包括气环和油环两种。

3. 活塞销

如图 6-1-10 所示：

（1）功用　连接活塞和连杆小头，并将活塞所受的气体的作用力传给连杆。

（2）特点　通常为空心圆柱体，有时也按强度要求做成截面管状体结构。

（3）材料　一般采用低碳钢或低碳合金制造。

4. 连杆

如图 6-1-11 所示：

（1）功用　将活塞承受的力传给曲轴，并使活塞的往复运动转变为曲轴的旋转运动。

（2）组成　由连杆体、连杆盖、连杆螺栓和连杆轴瓦等零件组成。连杆体与连杆盖分为连杆小头、杆身和连杆大头。

（3）材料　中碳钢。

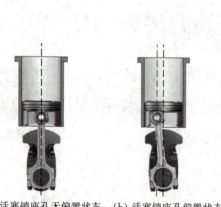

(a) 活塞销座孔无偏置状态　(b) 活塞销座孔偏置状态

图 6-1-10　活塞销

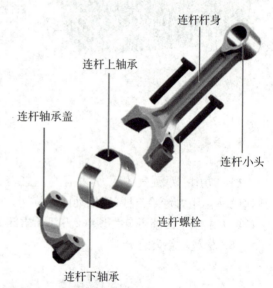

图 6-1-11　连杆结构

（三）曲轴飞轮组的结构

曲轴飞轮组主要由曲轴、飞轮和一些附件组成，如图 6-1-12 所示。

1. 曲轴

（1）功用　曲轴是发动机最重要的机件之一，主要用来将活塞连杆组传来的气体作用力转变成曲轴的旋转力矩对外输出，并驱动发动机的配气机构及其他辅助装置工作。

（2）结构　曲轴前端主要用来驱动配气机构、水泵和风扇等附属机构，前端

项目六　发动机结构与分析

图 6-1-12　曲柄飞轮组

轴上安装有正时齿轮(或同步带轮)、风扇与水泵的带轮、扭转减振器以及起动爪等,曲轴后端采用凸缘结构,用来安装飞轮。

2. 飞轮

飞轮是一个转动惯量很大的圆盘,外缘上压有一个齿圈,与起动机的驱动齿轮啮合,供起动机发动机时使用。飞轮上通常还刻有第一缸点火正时记号,以便校准点火时刻。

为了保证在拆装过程中不破坏飞轮与曲轴间的装配关系,采用定位销或不对称螺栓布置方式,安装时应注意。

想一想　四冲程发动机工作过程中,主要受到哪些力的作用?

二、曲柄连杆机构的受力情况

四冲程发动机的工作循环由进气、压缩、做功和排气这 4 个活塞行程组成。做功行程温度最高,可达到 2 500 K 以上,最高压力可达到 3~5 MPa。

(一) 工作条件

发动机在"三高一腐蚀"的环境下工作,主要指:

(1) 高温　燃烧室及相关部件。

(2) 高压　燃烧室、油道高压。

(3) 高速　活塞与缸套的相对运动。

(4) 有腐蚀　机油、冷却液等对机体的腐蚀。

发动机工作环境

(二) 受力分析

曲柄连杆机构在高压下做变速运动,受力情况很复杂。作用于曲柄连杆机构上的力包括缸内气体压力、机构运动质量的惯性力、摩擦阻力和作用在发动机曲轴上的离心力,如图 6-1-13 所示。

1. 气体作用力 P

在每个工作循环中,气体压力始终存在。但由于进、排气两行程中气体压力较小,对机件影响不大,故只须研究做功和压缩两行程气体作用力。

在做功行程中,气体作用力是推动活塞向下。燃烧气体产生的高压直接作用在活塞顶部,如图 6-1-14(a)所示。设活塞所受总压力 F_P 传到活塞销

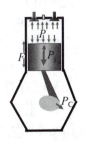

图 6-1-13
受力分析

上,可分解为 F_{P1} 和 F_{P2}。分力 F_{P1} 通过活塞销传给连杆,并沿连杆方向作用在曲柄销上。F_{P1} 还可分解为两个分力 R 和 S。沿曲柄方向分力 R 使曲轴主轴颈与主轴承间产生压紧力;与曲柄垂直的分力 S 除了使主轴颈和主轴承之间产生压紧力外。还对曲轴形成转矩 T,推动曲轴旋转;力 F_{P2} 把活塞压向汽缸壁,形成活塞与缸壁间的侧压力,有使机体翻倒的趋势,故机体下部的两侧应支承在车架上。

在压缩行程中,气体压力是阻碍活塞向上运动的阻力。这时作用在活塞顶的气体总压力 F'_P 也可以分解为两个分力 F'_{P1} 和 F'_{P2},如图 6-1-14(b)所示,而 F'_{P1} 又分解为 R' 和 S'。R' 使曲轴主轴颈与主轴承间产生压紧力;S' 对曲轴造成一个旋转阻力矩 T,企图阻止曲轴旋转。而 F_{P2} 则将活塞压向汽缸的另一侧壁。

在工作循环的任何行程中,气体作用力的大小都是随活塞的位移而变化的,做功行程时磨损汽缸壁的左端,压缩行程时磨损汽缸壁的右端,这就使得汽缸和轴瓦磨损不均匀。

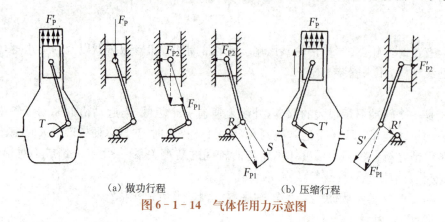

（a）做功行程　　　　　（b）压缩行程

图 6-1-14　气体作用力示意图

2．机构运动质量的惯性力 P_j 和离心力 P_c

往复运动的物体,当运动速度变化时,产生往复惯性力。物体绕某一中心做旋转运动时,产生离心力。这两种力在曲柄连杆机构的运动中都是存在的。活塞和连杆小头在汽缸中做往复直线运动时,速度很高,而且数值在不断变化。当活塞从上止点向下止点运动时,其速度变化规律是:从零开始,逐渐增大,临近中间达最大值,然后又逐渐减小至零。也就是说,当活塞向下运动时,前半行程是加速运动,惯性力向上,以 F_j 表示,如图 6-1-15(a)所示;后半行程是减速运动。惯性力向下,以 F'_j 表示,如图 6-1-15(b)所示。同理,当活塞向上时,前半行程惯性力向下,后半行程惯性力向上。因此,上半行程惯性力向上,下半行程惯性力向下。

偏离曲轴轴线的曲柄、曲柄销和连杆大头绕曲轴轴线旋转,产生旋转惯性力,即离心力,其方向沿曲柄半径向外,其大小与曲柄半径、旋转部分的质量及曲轴转速有关。若曲柄半径长、旋转部分质量大、曲轴转速高,则离心力大。离心力 F_c 在垂直方向分力 F_{cy} 与往复惯性力 F_j 方向总是一致的,因而加剧了发动机的上、下振动。而水平方向分力 F_{cx} 则使发动机产生水平方向振动。离心力使曲轴的连杆轴颈、主轴颈及其轴承受到这一附加载荷,增加了它们的变形和磨损。

活塞、活塞销和连杆小头的质量愈大、曲轴转速愈大,则往复惯性力也愈大。它使曲柄连杆机构的各零件和所有轴颈承受周期性的附加载荷,加快轴承的磨损,未被平衡的变化着的惯性力传到汽缸体后,还会引起发动机的振动。

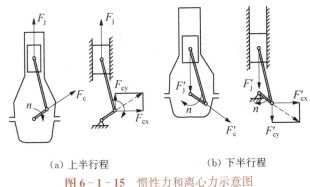

(a) 上半行程　　　　　　(b) 下半行程

图 6-1-15　惯性力和离心力示意图

3. 摩擦力 F

发动机在做相对运动的过程中,还会产生一定的摩擦力,消耗发动机的功力,增加发动机的磨损。但由于摩擦力数值较小,变化规律复杂,所以在做受力分析时,一般都把摩擦力忽略不计。因此,只须主要研究气体压力和运用质量惯性力变化规律对机构构件的作用,尤其是对曲轴和轴承的作用即可。

上述各种力,作用在曲柄连杆机构和机体的各有关零件上,使它们受到压缩、拉伸、弯曲和扭转等不同形式的载荷。为了减少磨损,保证工作可靠,在结构上必须采取相应的措施。

想一想　有摩擦力的存在,必然会磨损发动机,用哪些方法可以减少发动机的磨损?

任务检测

1. 图 6-1-16 所示为机体组的结构,填写对应位置的名称。

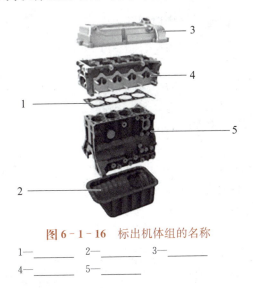

图 6-1-16　标出机体组的名称

1—＿＿＿＿＿　2—＿＿＿＿＿　3—＿＿＿＿＿
4—＿＿＿＿＿　5—＿＿＿＿＿

2. 图 6-1-17 所示为曲轴的结构,填写出对应位置的名称。

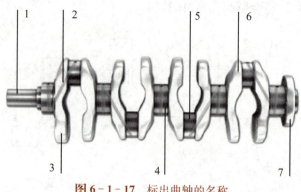

图 6-1-17　标出曲轴的名称

1—_____　　2—_____　　3—_____
4—_____　　5—_____　　6—_____
7—_____

● 任务训练

1. 活塞连杆组由_____、_____、_____、连杆、连杆轴瓦等组成。
2. 曲柄连杆机构是将活塞的_____运动转换为曲轴的_____运动。
3. 汽缸垫是用来保证_____与_____结合面间的密封。
4. 活塞的主要作用是_____,以推动曲轴旋转。

● 评价反馈

1. 通过本任务的学习,你能否做到以下几点:
(1) 认识曲柄连杆机构的总体结构。
　　能□　　　　　不确定□　　　　　不能□
(2) 掌握曲柄连杆机构各零部件的功用。
　　能□　　　　　不确定□　　　　　不能□
(3) 熟悉曲柄连杆机构各零部件的特点。
　　能□　　　　　不确定□　　　　　不能□
(4) 能在教师的指导下,运用所学知识,通过查阅资料,分析曲柄连杆机构的受力情况。
　　能□　　　　　不确定□　　　　　不能□
2. 工作任务的完成情况:
(1) 能否正确认识各零部件,完成任务内容:_____
(2) 与他人合作完成的任务:_____
(3) 在教师指导下完成的任务:_____
3. 你对本次任务的建议:_____

任务2　拆装发动机曲柄连杆机构

任务目标

□ 能说出汽车发动机曲柄连杆机构拆装工具及使用方法。
□ 能描述汽车发动机曲柄连杆机构拆装步骤及工作要点。
□ 熟悉汽车发动机曲柄连杆机构拆装的注意事项。

建议学时　4

任务描述

本任务学习常用工具及专用工具的使用(套筒、棘轮扳手、扭力扳手、梅花扳手、活塞环压缩器、T52等)。

认识最基本的螺栓、螺母的拆装。掌握拆装顺序及拆装过程的注意事项(机体组拆装、活塞连杆组拆装、曲柄飞轮组拆装)。

想一想　结合所学知识,总结出曲柄连杆机构各主要零部件装配连接关系。

学习过程

1. 工具、设备和材料准备

发动机一台(带拆装台架),常用工具一套、工具车一辆、工作台一个、零件摆架一个,专用工具一套,刀口尺、塞尺各一把。

2. 操作前准备

① 将工位卫生清理干净并清洁工作台。
② 将拆装用发动机准备好,并安全固定。
③ 将常用工具、专用工具连同工具车放在拆装过程中易于取用的位置。
④ 学习安全注意事项和拆装注意事项。

提示　培养良好的工作习惯,做好事前准备,有利于安全操作和提高工作效率。

想一想　查阅资料并结合所学知识,总结汽缸体与汽缸盖常见的损伤形式以及产生的原因。

3. 注意事项

① 汽缸盖的拆装操作必须在冷态下进行。
② 正时齿形带没安装前,活塞处在上止点位置时不允许转动凸轮轴,以防顶坏活塞和气门。
③ 汽缸盖螺栓的拆卸必须按规定的顺序进行。
④ 汽缸盖螺栓的安装必须按规定的顺序和一定的力矩分次扭紧。
⑤ 安装正时齿形带时,必须将正时标记对齐;拔导线连接器时,应该在可靠地使锁销脱离啮合后,再分开连接器。不能直接拉扯线束断开连接器,以防扯断导线。

4. 计划

请根据任务要求,确定所需要的检测仪器、工具,并对小组成员进行合理分工,制定详细的作业计划。

小组分工	
时间安排	
设备和工具	
实施路径	

做一做

1. 汽缸体和汽缸盖的常见损伤形式

(1) 在图 6-2-1 中标注出汽缸体和汽缸盖的常见损伤形式。

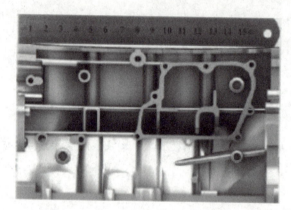
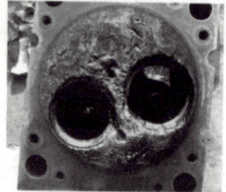

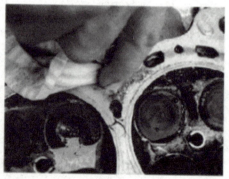

图 6-2-1 汽缸体和汽缸盖的常见损伤形式

(2) 汽缸体和汽缸盖常见损伤原因。

① 汽缸体铸造时受_____的影响以及汽缸体在生产中壁厚不匀,均会造

成汽缸体裂纹。

②汽缸体和汽缸盖翘曲变形的主要原因是装配时,汽缸盖＿＿＿＿＿＿＿＿＿＿不均匀,拧紧＿＿＿＿＿＿＿＿＿＿不符合规定。

③汽缸轴向截面积的磨损规律:沿汽缸轴向截面的磨损,在活塞环有效行程范围内,呈上大、下小的锥形,在第一道活塞环＿＿＿＿＿＿＿＿＿＿磨损最大。

④汽缸径向截面的磨损规律:在平行于汽缸圆周方向的横截面上,汽缸的磨损也是不均匀的,磨损呈不规则的椭圆形,一般是＿＿＿＿＿＿＿＿＿＿磨损较大。

⑤在同一台发动机上,不同汽缸的磨损情况不尽相同,一般水冷式发动机的＿＿＿＿＿＿＿＿＿＿和＿＿＿＿＿＿＿＿＿＿的磨损较为严重。

2. 活塞常见损伤及成因

在图6-2-2中标注出活塞的常见损伤形式。

图6-2-2 活塞的损伤形式

想一想 如何检测汽缸体是否存在裂纹,若存在裂纹,应采取何种解决措施?

任务实施

活动一 汽缸盖的拆装与调整

将发动机安装在发动机拆装台架上。

步骤1:拆卸进气歧管:
(1)拆下4个螺栓和2个螺母,并拆下进气歧管和进气歧管撑条。
(2)将衬垫从进气歧管上拆下。

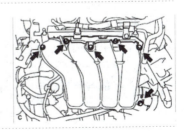

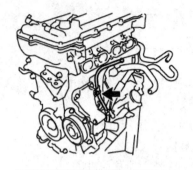

步骤2:拆卸输油管总成。
步骤3:拆卸喷油器总成。
步骤4:拆卸点火线圈总成。
步骤5:拆卸机油尺分总成:
(1) 拆下螺栓和机油尺。
(2) 从机油尺上拆下O形圈。

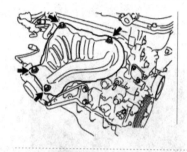

步骤6:拆下4个螺栓和排气歧管隔热罩。拆卸排气歧管1号隔热罩。

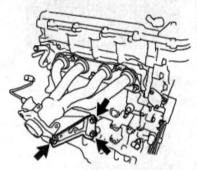

步骤7:拆下3个螺栓和歧管撑条,拆卸歧管撑条。

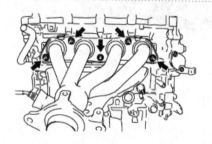

步骤8:拆下5个螺母和排气歧管。
步骤9:拆卸发电机、水泵总成、机油滤清器分总成及机油滤清器支架。

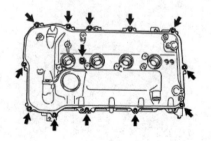

步骤10:拆下13个螺栓、密封垫圈和汽缸罩盖。
步骤11:拆下汽缸罩盖衬垫。

步骤12:将1号汽缸设置到TDC/压缩:
(1)转动曲轴皮带轮,直到其凹槽与正时链条盖上的正时标记0对准。
(2)检查并确认凸轮轴正时齿轮和链轮上的各正时标记和位于1号、2号轴承盖上的各正时标记对准。

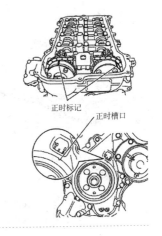

步骤13:拆卸曲轴皮带:
(1)用专用工具固定皮带轮就位并松开皮带轮螺栓。
(2)用专用工具拆下曲轴皮带轮和皮带轮螺栓。

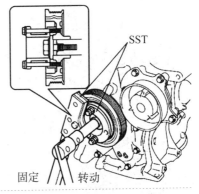

步骤14:拆卸汽缸罩盖分总成:拆下13个螺栓、密封垫圈和汽缸罩盖。

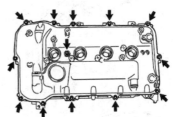

步骤15:拆卸凸轮轴壳分总成:用扳手拆卸凸轮轴分总成紧固螺栓(螺栓拧紧力矩27 N·m)。

步骤16:拆卸汽缸盖和汽缸盖衬垫:
(1)按照从中间到两边对角松开的拆卸顺序,用扭力扳手拆卸汽缸盖紧固螺栓。汽缸盖紧固螺栓拧紧力矩为:第一步4 927 N·m,第二步旋转90°,第三步旋转45°。
(2)拆卸汽缸盖前,用橡胶榔头从侧面敲打汽缸盖,使其松动。然后拆下汽缸盖。

活动二 活塞连杆组的拆检

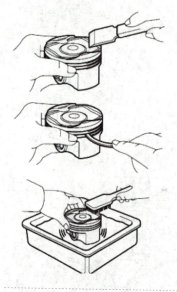

步骤1:清洁活塞连杆组件:
(1) 用衬垫刮刀去除活塞顶部的积碳。
(2) 用环槽清洁工具或折断的活塞环清洁活塞环槽。
(3) 用刷子和溶剂彻底清洁活塞。

注意 不要使用钢丝刷。

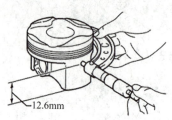

步骤2:在距活塞顶部12.6 mm处,用螺旋测微器测量与活塞销孔成直角的活塞直径。

标准活塞直径:80.461~80.471 mm。

如果直径不符合规定,则更换活塞。

步骤3:检查活塞配缸间隙(油膜间隙)。

用汽缸缸径测量值减去活塞直径测量值。标准油膜间隙:0.029~0.052 mm。最大油膜间隙0.09 mm。

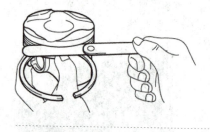

步骤4:检查环槽间隙(侧隙) 使用侧隙规测量新活塞环环槽壁间的间隙。

标准环槽间隙:1号环0.02~0.07 mm,2号环0.02~0.06 mm,油环0.02~0.065 mm。

注意 如果环槽间隙不符合规定,则更换活塞。

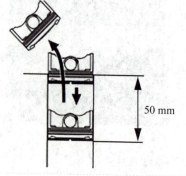

步骤5:用活塞从汽缸体的顶部将活塞环推至活塞环底部,使其行程超过50 mm。

步骤6:用塞尺测量端隙:

标准端隙:1号环0.2~0.3 mm,2号环0.3~0.5 mm,油环0.1~0.4 mm;

最大端隙:1号环0.5 mm,2号环0.5 mm,油环0.7 mm。

步骤7：用游标卡尺测量螺栓受力部分的直径。标准直径为6.6～6.7 mm，最小直径为6.4 mm。如果直径小于最小值，则更换连杆螺栓。

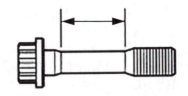

步骤8：用连杆校准器和测隙规检查连杆弯曲度最大偏差：0.05 mm/100 mm。如果偏差大于最大值，则更换连杆。

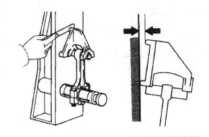

步骤9：最大扭曲度0.15 mm/100 mm。如果扭曲度大于最大值，则更换连杆。

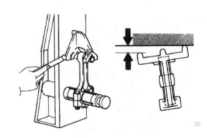

步骤10：用手安装油环胀圈和油环刮片。
注意　安装胀圈和油环，使其环端处于相反的两侧，将胀圈牢固安装至油环的内槽。

步骤11：用活塞环扩张器安装2个压缩环，使油漆标记处于图示位置。
注意
安装1号压缩环，使代码标记(A1)朝上。
安装2号压缩环，使代码标记(A2)朝上。

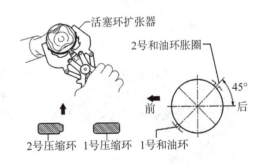

步骤12：放置活塞环以使活塞环端处于如图所示位置。

活动三　曲轴飞轮组的装配

步骤1：安装上轴承（除3号轴颈外）：将带机油槽的上轴承安装到汽缸体上。

步骤2：用刻度尺测量汽缸体边缘和上轴承边缘间的距离。
注意　不要在轴承和接触表面上涂抹发动机机油。
尺寸(A)：0.5～1.0 mm。

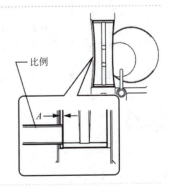

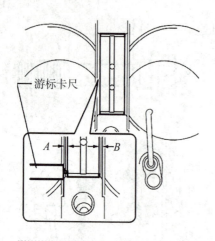

步骤3:安装上轴承(3号轴颈):将带机油槽的上轴承安装到汽缸体上。

步骤4:用游标卡尺测量汽缸体边缘和上轴承边缘间的距离。

注意 不要在轴承和接触表面上涂抹发动机机油。
尺寸($A-B$):0.7mm 或更小。

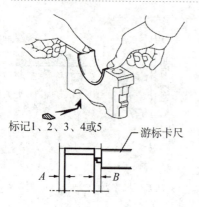

步骤5:安装下轴承:将下轴承安装到轴承盖上。

步骤6:用游标卡尺测量轴承盖边缘和下轴承边缘间的距离。

尺寸($A-B$):0.7mm 或更小。

注意 不要在轴承和接触表面上涂抹发动机机油。

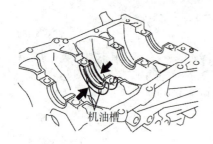

步骤7:使机油槽向外,将2止推垫圈安装到汽缸体的3号轴颈下方。

步骤8:在曲轴止推垫圈上涂抹发动机机油。

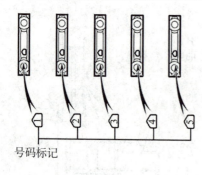

步骤9:在上轴承上涂抹发动机机油,并将曲轴安装到汽缸体上。

步骤10:在下轴承上涂抹发动机机油。

步骤11:检查数字标记,并将轴承盖安装到汽缸体上。

步骤12:在轴承盖螺栓的螺纹上和轴承盖螺栓下涂抹一薄层发动机机油。

步骤13:暂时安装10个主轴承盖螺栓。

步骤14:标记2个内轴承盖螺栓并以此为导向,用手插入主轴承盖,直到主轴承盖和汽缸体间的间隙小于5 mm。

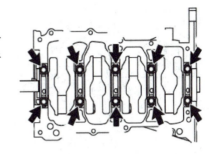

步骤15:用塑料锤轻轻敲击轴承盖以确保正确安装。

步骤16:安装曲轴轴承盖螺栓。

注意 主轴承盖螺栓的紧固分两步完成。

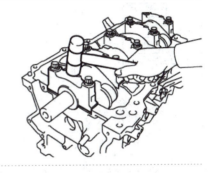

步骤17:按图所示顺序,安装并均匀紧固10个主轴承盖螺栓,扭矩为40 N·m。

步骤18:用油漆在轴承盖螺栓前端做标记。按前图所示数字顺序,将轴承盖螺栓再紧固90°。

步骤19:检查并确认油漆标记与前端成90°。

步骤20:检查并确认曲轴转动顺畅。

步骤21:检查曲轴轴向间隙。

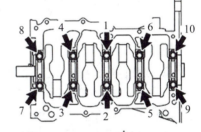

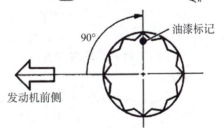

步骤22:将曲轴皮带轮定位键对准皮带轮上的键槽。

步骤23:用专用工具固定皮带轮就位并拧紧螺栓,扭矩为190 N·m。

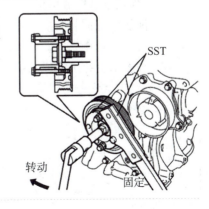

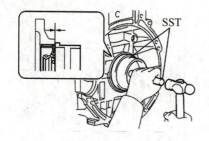

步骤24：在新油封唇口涂抹通用润滑脂。
注意 使唇口远离异物。
步骤25：用专用工具和锤子敲入油封，直到其表面与后油封座圈边缘齐平。
注意 擦去曲轴上多余的润滑脂。不要斜敲油封。

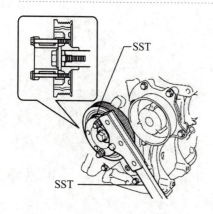

步骤26：用专用工具固定在曲轴。

评价反馈

1. 通过本任务的学习，你能否做到以下几点：
(1) 掌握机体组的拆装方法。
能□　　　不确定□　　　不能□
(2) 掌握活塞连杆组的拆装方法。
能□　　　不确定□　　　不能□
(3) 熟悉曲轴飞轮组的拆装方法。
能□　　　不确定□　　　不能□
(4) 能在教师的指导下，运用所学知识，通过查阅资料，熟练拆装发动机曲柄连杆机构。
能□　　　不确定□　　　不能□

2. 工作任务的完成情况：
(1) 能否熟练拆装曲柄连杆机构，完成任务内容：_____
(2) 与他人合作完成的任务：_____
(3) 在教师指导下完成的任务：_____

3. 你对本次任务的建议：_____

任务3　认识凸轮机构

任务目标

□能描述凸轮机构的功用、特点及分类。
□能分析凸轮机构的工作过程。

建议学时　2

任务描述

凸轮机构在汽车发动机中的应用主要是配气机构。配气机构主要由凸轮机构、气门、气门导管等组成。

想一想　凸轮机构是发动机中配气机构的一个重要组成部分,那么它是如何作等速回转运动或往复直线运动的呢?

学习过程

一、凸轮机构的功用

凸轮机构的作用是作为主动件,把运动传递给紧靠其边缘移动的滚轮或在槽面上自由运动的针杆,或者它从这样的滚轮和针杆中承受力,做等速回转运动或往复直线运动。凸轮机构广泛地应用于轻工、纺织、食品、交通运输、机械传动等领域。

当从动件的位移、速度和加速度必须严格地按照预定规律变化,尤其当原动件做连续运动而从动件必须做间歇运动时,则以采用凸轮机构最为简便。

二、凸轮机构的结构

凸轮机构组成如图6-3-1所示。

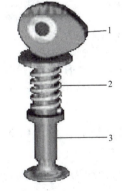

1—凸轮　2—从动件　3—机架
图6-3-1　凸轮机构

图6-3-2　凸轮

1. 凸轮

凸轮是机械的回转或滑动件(如轮或轮的突出部分),如图6-3-2所示。

2. 从动件

与凸轮轮廓接触,并传递动力和实现预定的运动规律的构件,一般做往复直线运动或摆动。如图6-3-1所示,2为从动件,即是机构中除了主动件以外随着主动件运动的其余可动构件。

三、凸轮机构的特点

只要适当地设计凸轮轮廓的曲线形状,就可以使从动件获得任意预定的运动。凸轮机构简单紧凑,可用在对从动件运动规律要求严格的场合。凸轮机构可以高速起动,且动作准确可靠。由于数控机床及电子计算机的广泛应用,凸轮轮廓曲线的加工较为方便。

凸轮机构在接触处难以保持良好的润滑,故容易磨损,为了延长其使用寿命,传递动力不宜过大。在高速凸轮机构中,运动特性很复杂,要精确分析和设计凸轮轮廓曲线比较困难。

四、凸轮机构的分类

凸轮机构的类型取决于凸轮和从动件的形式。

1. 按凸轮形状分类

凸轮按形状可分为盘形凸轮、移动凸轮、圆柱凸轮等,如图6-3-3所示。

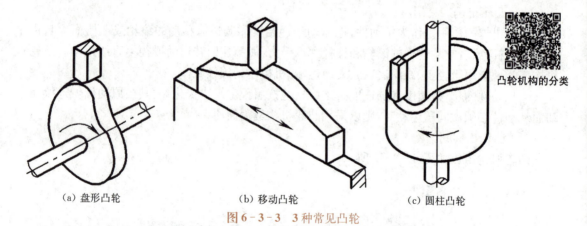

(a) 盘形凸轮　　(b) 移动凸轮　　(c) 圆柱凸轮

图6-3-3　3种常见凸轮

(1) 盘形凸轮　一个绕固定轴转动并且具有变化向径的盘形零件。当其绕固定轴转动时,可推动从动件在垂直于凸轮转轴的平面内运动。它是凸轮的最基本型式,结构简单,应用最广。

(2) 移动凸轮　当盘形凸轮的转轴位于无穷远处时,就演化成了移动凸轮(或楔形凸轮)。凸轮呈板状,相对于机架做直线移动。

在以上两种凸轮机构中,凸轮与从动件之间的相对运动均为平面运动,故又统称为平面凸轮机构。

(3) 圆柱凸轮　如果将移动凸轮卷成圆柱体即演化成圆柱凸轮。凸轮与从动件之间的相对运动是空间运动,故属于空间凸轮机构。

2. 按从动件形状分类

按从动件形状可将其分为尖底从动件、滚子从动件、平底从动件,如图6-3-4所示。

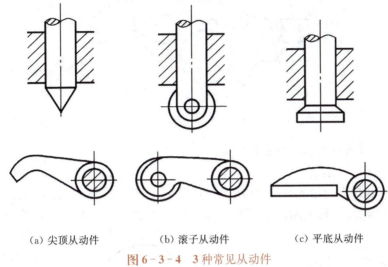

(a) 尖顶从动件　　　　(b) 滚子从动件　　　　(c) 平底从动件

图6-3-4　3种常见从动件

(1) 尖顶从动件　从动件的尖端能够与任意复杂的凸轮轮廓保持接触,从而使从动件实现任意的运动规律。这种从动件结构最简单,但尖端处易磨损,故只适用于速度较低和传力不大的场合。

(2) 滚子从动件　为减小摩擦磨损,在从动件端部安装一个滚轮,把从动件与凸轮之间的滑动摩擦变成滚动摩擦,因此摩擦磨损较小,可用来传递较大的动力,故这种形式的从动件应用很广。

(3) 平底从动件　从动件与凸轮轮廓之间为线接触,接触处易形成油膜,润滑状况好。此外,在不计摩擦时,凸轮对从动件的作用力始终垂直于从动件的平底,受力平稳,传动效率高,常用于高速场合。缺点是与之配合的凸轮轮廓必须全部为外凸形状。

3. 按从动件的运动形式分类

可将其分为推杆和摆杆。

(1) 推杆　从动件做往复直线移动,其结构如图6-3-5所示。

图6-3-5　推杆运动

（2）摆件从动件做摆动。部分轿车发动机的配气机构由上置凸轮轴的凸轮直接驱动摇臂，这个摇臂就属于摆杆，如图6-3-6所示。

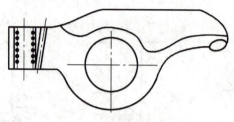

图6-3-6　摇臂运动

想一想　各类凸轮机构都有哪些优点？

五、凸轮机构的工作过程

凸轮轴转动时，当凸轮的圆柱面（基圆）部分与液压挺杆接触时，挺杆不升高，挺杆以上的传动件不动作，气门是关闭的，如图6-3-7（a）所示。当凸轮的凸起部分与液压挺杆

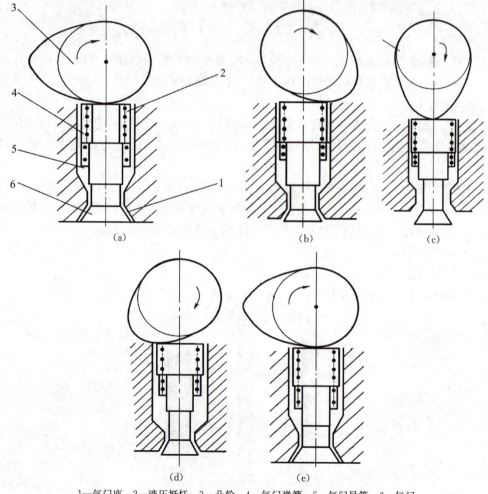

1—气门座　2—液压挺杆　3—凸轮　4—气门弹簧　5—气门导管　6—气门

图6-3-7　配气机构工作过程

接触时，便开始将挺杆顶起，于是气门打开，如图6-3-7(b)所示。当凸轮的最大凸起处与液压挺杆接触时，气门达到最大开度(升程)，如图6-3-7(c)所示。随后，凸轮与液压挺杆接触表面的凸起半径开始逐渐变小，气门在气门弹簧的作用下开始上升直至关闭，并反向推动摇臂等传动杆件，使挺杆下压，以保持与凸轮的接触，如图6-3-7(d)所示。当凸轮凸起部分离开液压挺杆时，气门完全关闭，如图6-3-7(e)所示。

任务训练

1. 配气机构由 _____ 、_____ 和 _____ 组成。
2. 凸轮机构由 _____ 、_____ 和 _____ 组成。
3. 凸轮机构按凸轮形状分类可分为 _____ 、_____ 、_____ 等。
4. 凸轮轴转动时，当凸轮的圆柱面(基圆)部分与液压挺杆接触时，挺杆 _____ ，挺杆以上的传动件状态为 _____ ，气门状态为 _____ 。

评价反馈

1. 通过本任务的学习，你能否做到以下几点：
(1) 掌握凸轮机构的功用。
 能□　　　　　不确定□　　　　　不能□
(2) 掌握曲凸轮机构的特点。
 能□　　　　　不确定□　　　　　不能□
(3) 能分辨凸轮机构的分类。
 能□　　　　　不确定□　　　　　不能□
(4) 能在教师的指导下，运用所学知识，通过查阅资料，分析凸轮机构的工作过程。
 能□　　　　　不确定□　　　　　不能□
2. 工作任务的完成情况：
(1) 能否正确认识各零部件，完成任务内容：_____
(2) 与他人合作完成的任务：_____
(3) 在教师指导下完成的任务：_____
3. 你对本次任务的建议：_____

任务4　分析凸轮机构在发动机上的应用

任务目标

□能分析发动机配气机构功能及组成。
□了解配气机构的分类。
□掌握配气机构各部分的作用。

建议学时 2

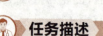 任务描述

凸轮机构在汽车上有大量应用,例如发动机中的配气系统(进、气阀门的控制)、车辆行驶系统的制动控制元件,以及纺织机械中,都大量使用了凸轮机构。

 学习过程

一、配气机构的功用及组成

配气机构主要由气门组和气门传动组组成,如图6-4-1所示。配气机构的功用是根据发动机的工作顺序和工作过程,定时开启和关闭进气门和排气门,使可燃混合气(汽油机)或空气(柴油机)进入汽缸,并使废气从汽缸内排出,实现换气过程。

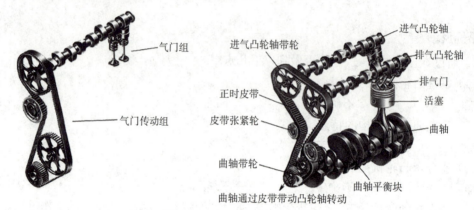

图6-4-1 配气机构的组成

二、配气机构的分类

(1) 按凸轮轴布置形式分类 可分为凸轮轴下置式、凸轮轴中置式和凸轮轴上置式,如图6-4-2所示。

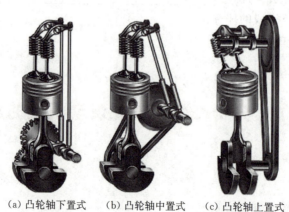

(a) 凸轮轴下置式　　(b) 凸轮轴中置式　　(c) 凸轮轴上置式

图6-4-2 按凸轮轴布置形式分类

（2）按凸轮轴的传动方式分类　可分为齿轮传动、链条传动和齿形带传动,如图6-4-3所示。

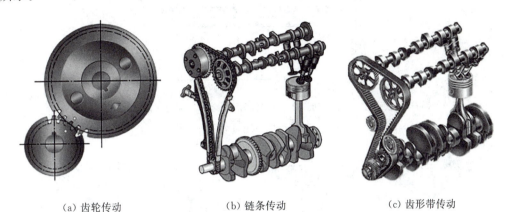

(a) 齿轮传动　　　　(b) 链条传动　　　　(c) 齿形带传动

图6-4-3　按齿轮轴传动方式分类的配气机构

（3）按每缸气门的数量分类　一般发动机较多采用一个进气门和一个排气门。其特点是结构简单,能适应各种燃烧室。但其汽缸换气受到进气通道的限制,故都用于低速发动机。现代高性能发动机普遍采用3气门、4气门、5气门,目前应用最多的是4气门发动机。

三、配气机构的组成部件

1. 气门组

气门组包括气门、气门导管、气门座及气门弹簧等零件,如图6-4-4所示。气门组应保证气门对汽缸的密封性,有以下要求:气门头部与气门座贴合严紧;气门在气门导管中上下运动良好;气门弹簧的两端面与气门杆中心线垂直,保证气门头部在气门座上不偏斜;气门弹簧力足以克服气门运动惯性力,使气门能顺速开闭。

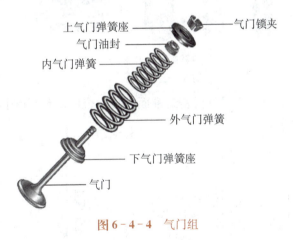

图6-4-4　气门组

（1）气门　由气门头部和杆部组成,如图6-4-5所示,分为进气门和排气门两种,用来封闭进、排气道。气门顶部形状主要有凸顶、平顶、凹顶3种结构形式,如图6-4-6所示。

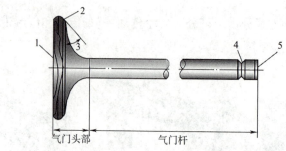

1—气门顶面　2—气门锥面　3—气门锥角　4—气门锁夹槽　5—气门尾端面
图 6-4-5　气门结构及各部名称

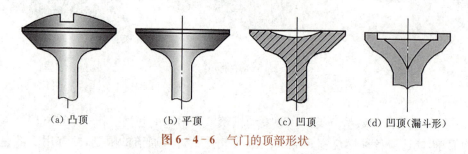

(a) 凸顶　　　(b) 平顶　　　(c) 凹顶　　　(d) 凹顶(漏斗形)
图 6-4-6　气门的顶部形状

（2）气门导管　如图 6-4-7 所示，起导向作用，保证气门做直线往复运动，使气门与气门座正确贴合。此外，气门导管还在气门杆与汽缸体之间起导热作用。

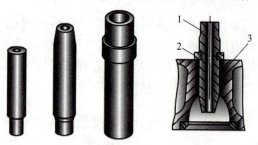

1—气门导管　2—卡环　3—汽缸盖
图 6-4-7　气门导管

（3）气门座　进、排气道口与气门密封锥面直接贴合的部位，如图 6-4-8 所示。气门座可在汽缸盖上直接镗出。

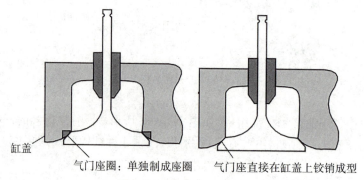

图 6-4-8　气门座的形式

(4) 气门弹簧 克服在气门关闭过程中气门及传动件的惯性力,防止各传动件之间因惯性产生间隙。保证气门及时坐落并紧密接触,防止气门在发动机振动时发生跳动,破坏其密封性。

为避免共振,常采用以下措施:提高弹簧刚度,采用变螺距弹簧,采用双气门弹簧结构,气门旋转机构。

2. 气门传动组

气门传动组主要包括凸轮轴、正时齿轮、挺柱及导杆、推杆、摇臂臂和摇臂轴等,其作用是使进排气门按配气相位规定的时刻开闭,并保证足够的开度,如图 6-4-9 所示。

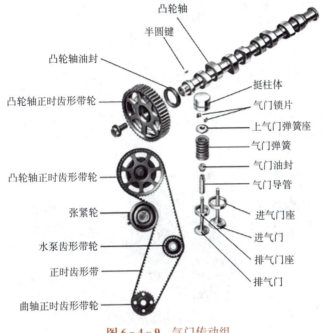

图 6-4-9　气门传动组

(1) 凸轮轴 凸轮轴主要由进排气凸轮、支撑轴、正时齿轮轴、汽油泵、偏心凸轮、机油泵及分电器驱动齿轮等组成的,如图 6-4-10 所示。凸轮轴由发动机曲轴驱动而旋转,用来驱动和控制各缸气门的开启和关闭,使其符合发动机的工作顺序、配气相位及气门开度的变化规律等要求。此外,大部分汽油机还利用凸轮轴来驱动分电器、机油泵和汽油泵。

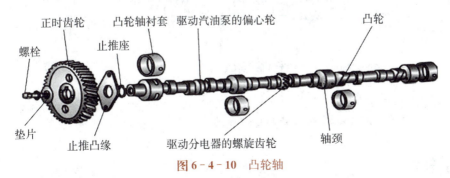

图 6-4-10　凸轮轴

（2）气门挺柱　功用是将凸轮的推力传给推杆（或气门杆），并承受凸轮轴旋转时所施加的侧向力，如图6-4-11所示。

图6-4-11　气门挺柱

（3）推杆　作用是将从凸轮轴经过挺柱传来的推力传给摇臂，是气门机构中最易弯曲的零件。

（4）摇臂与摇臂组　如图6-4-12所示，双臂杠杆以中间轴孔为支点，将推杆传来的力改变方向和大小，传给气门并使气门开启。

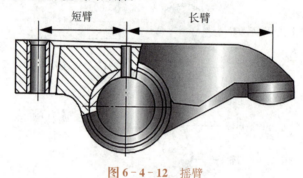

图6-4-12　摇臂

摇臂组主要由摇臂、摇臂轴、摇臂轴支座和定位弹簧等组成，如图6-4-13所示。

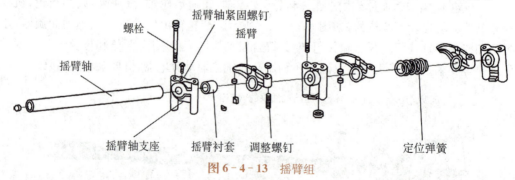

图6-4-13　摇臂组

想一想　发动机配气机构都由哪些部分构成？

任务检测

1. 将图6-4-2配气机构按凸轮轴布置形式分类，分别写出对应名称。

2. 图6-4-3中,将配气机构按凸轮轴传动方式分类,分别写出对应部件名称。

任务训练

1. 气门组由 _____、_____、_____ 及气门弹簧等组成。
2. 气门传动组主要包括 _____、_____、_____、_____ 和 _____ 等。
3. 凸轮轴主要由 _____、_____、_____、_____、_____、机油泵及分电器驱动齿轮等组成。
4. 摇臂组主要由 _____、_____、_____ 和 _____ 等组成。

评价反馈

1. 通过本任务的学习,你能否做到以下几点:
(1) 能分析发动机配气机构功能及组成。
能□　　　　　不确定□　　　　　不能□
(2) 了解配气机构的分类。
能□　　　　　不确定□　　　　　不能□
(3) 掌握配气机构各部分的作用。
能□　　　　　不确定□　　　　　不能□
(4) 能在教师的指导下,运用所学知识,通过查阅资料,分析凸轮机构在发动机上的应用。
能□　　　　　不确定□　　　　　不能□
2. 工作任务的完成情况:
(1) 能否正确认识各零部件,完成任务内容:_____
(2) 与他人合作完成的任务:_____
(3) 在教师指导下完成的任务:_____
3. 你对本次任务的建议:_____

任务5　调整气门间隙

任务目标

□掌握气门间隙的作用。
□会调整气门间隙。
□掌握调整气门间隙的注意事项。

建议学时　4

任务描述

雪佛兰科鲁兹的发动机怠速运转时,缸盖附近发出连续不断的、有节奏的"嗒、嗒、嗒"的声响。初步诊断为发动机配气机构气门间隙过大,要求对该发动机气门间隙进行调整与检修。

在发动机的维护与修理中,气门间隙的检查与调整是一项重要的作业内容。要调整气门间隙,首先要了解气门间隙的作用以及气门零件组结构的相关知识。

想一想 什么是气门间隙?气门间隙故障对车辆会产生什么影响?

学习过程

一、气门间隙

1. 气门间隙的含义

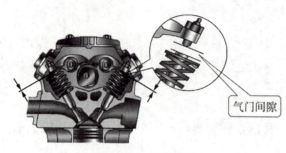

图6-5-1 气门间隙

通常发动机在冷态装配(气门完全关闭)时,在气门杆的尾部和气门传动组零件之间须留有一定的间隙,此间隙称为气门间隙,如图6-5-1所示。

2. 气门间隙的具体位置

凸轮轴下置式配气机构的气门间隙是指气门杆端与摇臂之间的间隙,它用摇臂上的调整螺钉调整。凸轮轴上置式配气机构的气门间隙的检查和调整部位取决于气门的驱动方式。摇臂驱动式的气门间隙是指凸轮基圆与摇臂之间的间隙或调整螺钉与气门杆端之间的间隙,它通过摇臂上的调整螺钉调整;直接驱动式的气门间隙是指凸轮与挺柱之间的间隙,它通过挺柱头部凹槽内的垫片来调整。

想一想 在发动机的配气机构中留有多大的气门间隙?

3. 气门间隙的作用

发动机工作时,因温度过高各机件受热膨胀。若气门杆的尾端和气门传动组零件之间没有间隙或间隙过小,气门受热膨胀而伸长时,气门杆无法向上伸长,必然导致气门头部向汽缸内伸长,使气门打开,导致发动机在压缩和做功过程中漏气。

气门间隙的作用是保证发动机工作时气门关闭严密,防止发动机在压缩和做功过程中漏气,导致发动机功率下降。

4. 气门间隙的过大、过小的危害

气门间隙的大小由发动机制造厂根据试验确定。一般在冷态下,进气门间隙为0.25~0.35 mm,排气门间隙为0.30~0.35 mm。在使用和维修的过程中,必须将气门间隙调整到标准范围内。

想一想 如果气门间隙不符合标准,会带来什么结果?

(1) 气门间隙过大 气门传动组驱动气门打开时,进、排气门开启滞后而缩短了进排气时间,因而降低了气门的开启高度,改变了正常的配气相位,使发动机因进气不足、排气不净而功率下降,影响发动机的动力性能。此外,还使配气机构零件的撞击增加,产生气门异响,加快磨损。例如,气门传动组件(气门杆、摇臂、凸轮、挺柱、推杆)的磨损会导致气门间隙过大。

(2) 气门间隙过小　发动机工作后,零件受热膨胀,不足以弥补气门的伸长量,将气门推开,使气门关闭不严,造成漏气,动力性能下降。气门向汽缸内打开,使气门的头部暴露在汽缸内的炽热气体中,引起密封表面严重积碳或烧损,甚至气门撞击活塞。例如,气门座的磨损会导致气门间隙过小。

想一想　为什么排气门的间隙大于进气门的间隙?

二、气门间隙的调整

1. 气门间隙调整原则

气门间隙的检查与调整必须在气门完全关闭的状态下进行,即挺柱(或摇臂)必须落在凸轮的基圆上才可。由于气门开始开启和开始关闭时,挺柱(或摇臂)是在凸轮的缓冲段内某点上,而且配气相位往往产生一定的偏差,所以不仅气门开启过程不能调,而且将要开启和刚关闭不久的一段时间内也不能调。

气门间隙

2. 气门间隙调节时机

(1) 正在进气、将要进气、刚进完气时,进气门不能调。

(2) 正在排气、将要排气、刚排完气时,排气门不能调。

根据四冲程发动机的工作原理,处于压缩行程上止点的汽缸,进排气门均可调;处于排气行程上止点的汽缸,进排气门均不可调;处于进气和压缩行程的汽缸,排气门可调;处于作功和排气行程的汽缸,进气门可调。

3. 进排气门的确定

(1) 根据进、排气道确定进、排气门。

(2) 用转动曲轴的方法确定:

① 当第一缸活塞处于压缩行程上止点时,转动曲轴,观察一缸两个气门,先动的为排气门,后动的为进气门,做好记号。

② 然后依次检查各缸,做好记号。

(3) 1缸压缩上止点的确定:

① 分火头判断法:记下1缸高压线位置,打开分电器盖,转动曲轴,当分火头与1缸高压线位置相对时,表示1缸在压缩上止点位置。

② 逆推法:转动曲轴,观察与1缸曲柄连杆轴颈同一个方向的6(4)缸的排气门打开又逐渐关闭到进气门动作瞬间,6(4)缸在排气上止点,即1缸在压缩上止点。

4. 气门间隙调整方法

(1) 两次调整法-双排不进法　"双"指该缸两个气门间隙均可调;"排"指该缸仅排气门间隙可调;"不"指该缸两个气门间隙均不可调;"进"指该缸仅进气门间隙可调;

① 先将发动机的汽缸按工作顺序等分为两组。

② 使第一缸活塞处于压缩行程上止点位置,按照双、排、不、进调节其一半气门的间隙。

③ 转动曲轴一周,使末缸工作的汽缸活塞达到压缩行程的上止点位置,仍按双、排、不、进的方法调整其余一半气门的间隙。

工作顺序为1—3—4—2的直列四缸发动机和工作顺序为1—5—3—6—2—4的直列六缸发动机,调整方法见表6-5-1。

表6-5-1 直列四缸和直列六缸发动机调整

发动机类型	活塞处于上止点的汽缸	可调气门对应汽缸				点火顺序
		双	排	不	进	
直列四缸	1缸压缩上止点	1	3	4	2	1—3—4—2
	1缸排气上止点	4	2	1	3	
直列六缸	1缸压缩上止点	1	5、3	6	2、4	1—5—3—6—2—4
	1缸排气上止点	6	2、4	1	5、3	

直列六缸发动机气门调节顺序见表6-5-2所示。

四缸发动机的工作顺序

表6-5-2 直列六缸发动机气门调节

曲轴转角		第一缸	第二缸	第三缸	第四缸	第五缸	第六缸
0°~180°	60°	做功	排气	进气	做功	压缩	进气
	120°						
	180°			压缩	排气		
180°~360°	240°	排气	进气			做功	压缩
	300°						
	360°			做功	进气		
360°~540°	420°	进气	压缩			排气	做功
	480°						
	540°			排气	压缩		
540°~720°	600°	压缩	做功			进气	排气
	660°						
	720°		排气	进气	做功	压缩	

1缸压缩终了时,可调气门有:1缸双门,2、4缸进气门,3、5缸排气门。

同理可分析六缸压缩终了时,剩下6个气门可调。如此,两遍调完全部气门。

(2)逐缸调整法 打开汽缸室盖,转动曲轴,使该缸活塞处于压缩上止点位置(该缸进、排气凸轮的基圆对准气门杆),此时可调整该缸进、排气门的间隙。转动曲轴,以同样的方法检查调整其余各缸的气门间隙。

● **任务实施**

1. 实训目的

掌握气门间隙的测量与调整方法。

2. 注意事项

(1) 气门间隙的调整必须是在气门处于完全关闭的状态下进行。

(2) 根据维修手册气门间隙规定值调整。或参照排气门间隙 0.35 mm,进气门间隙 0.25 mm 调整。

(3) 采用液力挺柱式的配气机构不需要进行气门间隙调整。

(4) 严格拆装程序并注意操作安全。

3. 工具准备

螺丝刀、塞尺、棘轮扳手

4. 操作步骤

步骤1:拆下缸盖罩和正时皮带罩。

步骤2:设置1号汽缸活塞在压缩上止点位置。

步骤3:凸轮轴皮带轮上的"UP"记号应位于顶部,皮带轮上的上止点槽口应与缸盖表面平齐。

注意 只有当缸盖温度降到38℃以下,才能调整气门间隙。

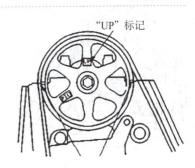

步骤4:调节1缸进、排气门的间隙:

进气门:(0.26 ± 0.02) mm;

排气门:(0.30 ± 0.02) mm。

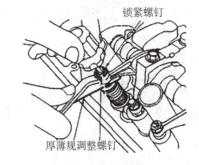

步骤5:松开锁止螺母,转动调节螺钉,直到厚薄规前后移动时感觉到有一点拖滞为止。

步骤6:拧紧锁止螺母,再检查气门间隙,如有必要,重新调整。

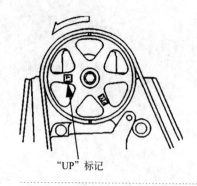
"UP"标记

步骤7:逆时针方向旋转曲轴180°(凸轮轴皮带轮转动90°),"UP"记号应在排气门侧。调节第3号汽缸进、排气门的间隙。

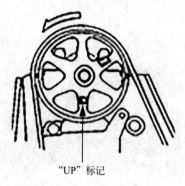
"UP"标记

步骤8:继续逆时针方向转动曲轴180°,使第4缸活塞处于压缩上死点位置。调节4缸进排气门的间隙。

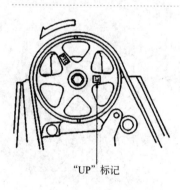
"UP"标记

步骤9:再逆时针转动曲轴180°使2缸活塞处于压缩上死点位置,"UP"记号应在进气门侧。调节2缸进、排气门的间隙。

● **任务训练**

1. 下述各零件不属于气门传动组的是( )。
A. 气门弹簧　　　B. 挺柱　　　C. 摇臂轴　　　D. 凸轮轴
2. 气门间隙的调整方法有哪几种?其调整步骤是什么?

● **评价反馈**

1. 通过本任务的学习,你能否做到以下几点:
(1) 了解气门间隙的作用。
　能□　　　　　不确定□　　　　　不能□
(2) 掌握调整气门间隙的注意事项。
　能□　　　　　不确定□　　　　　不能□

(3) 能分析气门间隙对发动机的影响。
能□　　　　　不确定□　　　　　不能□
(4) 能在教师的指导下,运用所学知识,通过查阅资料,掌握调整气门间隙的方法。
能□　　　　　不确定□　　　　　不能□
2. 工作任务的完成情况:
(1) 能否正确调整气门间隙,完成任务内容:＿＿＿＿＿＿＿＿＿＿＿＿＿
(2) 与他人合作完成的任务:＿＿＿＿＿＿＿＿＿＿＿＿＿＿＿＿＿＿＿＿
(3) 在教师指导下完成的任务:＿＿＿＿＿＿＿＿＿＿＿＿＿＿＿＿＿＿
3. 你对本次任务的建议:＿＿＿＿＿＿＿＿＿＿＿＿＿＿＿＿＿＿＿＿＿

任务6　认识带传动、链传动

任务目标
□掌握带传动和链传动的结构、类型及特点。
□掌握链传动的传动比。

建议学时　2

任务描述

常见的传动方式主要分为3大类:机械传动、流体传动和电子传动。汽车上使用最多的传动方式便是机械传动。机械传动包含了带传动、齿轮传动、链传动、蜗杆传动和螺杆传动等。

想一想　日常生活中有哪些带传动与链传动的实际应用?

学习过程

带传动是利用张紧在带轮上的传动带与带轮之间的摩擦或啮合来传递运动和动力的一种机械传动。链传动是通过链条将具有特殊齿形的主动链轮的运动和动力传递到具有特殊齿形的从动链轮的一种传动方式。

一、带传动和链传动的结构

带传动主要由主动轮、从动轮和张紧在两轮上的环形带组成,如图6-6-1所示。

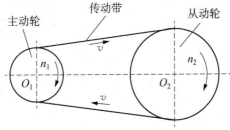

图6-6-1　带传动组成

链传动主要由主动链轮、从动链轮和链条组成,如图 6-6-2 所示。

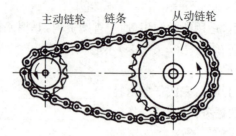

图 6-6-2 链传动组成

链传动是啮合传动,平均传动比是准确的。它是利用链与链轮轮齿的啮合来传递动力和运动的机械传动。链条长度以链节数来表示。链节数最好取为偶数,以便链条联成环形时正好是外链板与内链板相接,接头处可用弹簧夹或开口销锁紧。若链节数为奇数,则需采用过渡链节。链轮轴面齿形两侧呈圆弧状,以便于链节进入和退出啮合。

二、带传动与链传动的分类

(一) 带传动的分类

根据工作原理不同,带传动可分为摩擦带传动和啮合带传动两类。摩擦带传动是依靠带与轮之间的摩擦力传递运动;啮合带传动依靠轮上的齿与带上的齿或孔啮合传递运动。

1. 摩擦带传动的分类

按传送带的横截面形状不同,摩擦带传动可分为 4 种类型。

(1) 平带传动 平带的横截面为扁平矩形,如图 6-6-3(a)所示。内表面与轮缘接触面为工作面。

(2) V 带传动 V 带的横截面为梯形,两侧面为工作面,如图 6-6-3(b)所示。工作时 V 带与轮槽两侧面接触。

(3) 圆形带传动 圆形带的横截面为圆形,如图 6-6-3(c)所示,常用皮革或棉绳制成。

(4) 多楔带传动 多楔带是若干 V 带的组合,如图 6-6-3(d)所示,可避免多根 V 带长度不等、传力不均的缺点。

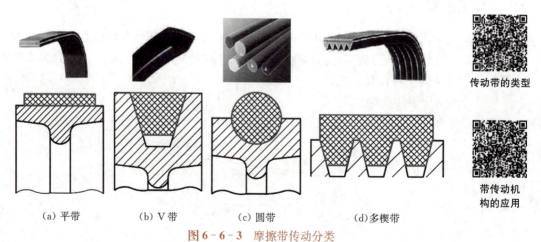

(a) 平带   (b) V 带   (c) 圆带   (d) 多楔带

图 6-6-3 摩擦带传动分类

传动带的类型

带传动机构的应用

2. 啮齿带传动的分类

啮合带传动有同步带传动与齿孔带传动两种类型。

(1) 同步带传动　利用带的齿与轮的齿相啮合传递运动和动力，如图 6-6-4(a) 所示，带与轮间为啮合传动，没有相对滑动，可保持主、从动轮线速度同步。

(2) 齿孔带传动　带上的孔与轮上的齿相啮合，如图 6-6-4(b) 所示，同样可避免带与带轮之间的相对滑动，使主、从动轮保持同步运动。

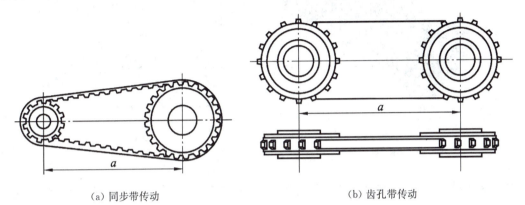

(a) 同步带传动　　　　(b) 齿孔带传动

图 6-6-4　啮合带传动

(二) 链传动的分类

1. 按用途分类

按用途，传动链可分为传动链、输送链和起重链，如图 6-6-5 所示。

(a) 传动链　　　(b) 输送链　　　(c) 起重链

图 6-6-5　按用途分类传动链

2. 按结构形式分类

按结构形式，传动链可分为滚子链、套筒链、齿形链以及成型链，前 3 种都已标准化。目前，应用最广泛的是滚子链。

(1) 滚子链　由内链板、外链板、滚子、套筒、销轴组成，如图 6-6-6 所示。相邻两个滚子（或销轴）轴线间的距离称为链节距，用 p 表示。链节距是链条的主要参数。链节距和链节数共同决定环形链条的长度。

(2) 齿形链　齿形链传动是利用具有特定齿形的链板与链轮之间的啮合来传递运动和动

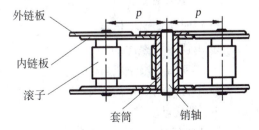

图 6-6-6　滚子链的组成

力的。齿形链又称为无声链,由彼此通过铰链连接起来的齿形链板组成,如图6-6-7所示。齿形链的种类很多,根据铰链结构的不同,齿形链可分为圆销铰链式、轴瓦铰链式和滚柱铰链式3种。

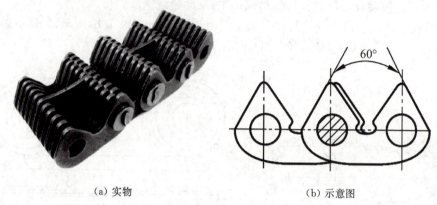

(a) 实物　　　　　　　　　(b) 示意图

图6-6-7　齿形链

与滚子链传动相比,齿形链传动具有传动平稳、噪音小、承受冲击载荷能力强、轮齿受力较均匀等优点。

三、带传动与链传动的特点

1. 带传动特点

① 带传动效率和承载能力较低,不适用于大功率传动。离心力会使传送带产生附加拉应力作用,降低寿命。

② 带传动平稳、无噪声,能缓冲、吸振。

③ 摩擦带传动过载时会产生打滑,可防止损坏零件,起安全保护作用,但不能保证传动比的准确性。

④ 结构简单,制造容易,成本低廉,适用于两轴中心距较大的场合。

⑤ 外廓尺寸较大,传动效率较低,一般只有 0.92~0.94。

2. 链传动特点

① 无弹性滑动和打滑现象,能保持准确的平均传动比。

② 传动效率较高。

③ 张紧力小,所以作用于轴上的径向力较小。

④ 结构紧凑。

⑤ 能在高温、灰尘多、湿度大及腐蚀性环境等恶劣条件下工作。

⑥ 只适用于平行轴之间的同向回转传动。

⑦ 瞬时传动比不恒定。

⑧ 工作时有噪音。

⑨ 磨损后易发生跳齿。

⑩ 不宜应用于载荷变化很大和急速反向的传动。

四、带传动的传动比

传动比就是主动带轮转速 n_1 与从动带轮转速 n_2 之比。

传动比 i 为主动轮转速 n_1/从动轮转速 n_2 的比值与齿轮分度圆直径的反比,即从动齿轮齿数 z_2 与主动齿轮齿数 z_1 的比值:

$$i = \frac{n_1}{n_2} = \frac{d_2}{d_1} = \frac{z_2}{z_1}。$$

任务训练

1. 带传动主要由_____、_____和_____组成。
2. 按传送带的横截面形状不同,摩擦带传动可分为_____、_____、_____和_____。
3. 按用途分类,传动链可分为_____、_____和_____。
4. 传动比公式为_____。

评价反馈

1. 通过本任务的学习,你能否做到以下几点:
(1) 掌握带传动和链传动的结构。
能□　　　　　　不确定□　　　　　　不能□
(2) 掌握带传动和链传动的类型。
能□　　　　　　不确定□　　　　　　不能□
(3) 掌握带传动和链传动的特点。
能□　　　　　　不确定□　　　　　　不能□
(4) 能在教师的指导下,掌握链传动的传动比。
能□　　　　　　不确定□　　　　　　不能□
2. 工作任务的完成情况:
(1) 能否正确认识各零部件,完成任务内容:_____
(2) 与他人合作完成的任务:_____
(3) 在教师指导下完成的任务:_____
3. 你对本次任务的建议:_____

任务7　带传动与链传动的安装、维护与张紧

任务目标

□掌握带传动与链传动的安装与维护。
□掌握带传动与链传动的张紧方法。

 建议学时　　2

任务描述

汽车的行驶需要发动机进行持续高强度的运作,导致发动机中带传动与链传动出现磨损以及张紧度等问题。本次任务就该系列问题系统地学习带传动与链传动的安装、维护与张紧方法。

想一想 带传动与链传动工作过程中会出现哪些问题?

学习过程

带传动存在紧边和松边,在紧边时带被弹性拉长,到松边时又收缩,引起带在轮上发生微小局部滑动,如图6-7-1所示。通常将这种由于带的弹性变形而使带与带轮之间出现的轻微滑动现象称为弹性滑动。当外载较小时,弹性滑动只发生在带即将由主、从动轮离开的一段弧上。传递外载增大时,有效拉力随之加大,弹性滑动区域也随之扩大,当有效拉力达到或超过某一极限值时,带与小带轮在整个接触弧上的摩擦力达到极限。若外载继续增加,带将沿整个接触弧滑动,这种现象称为打滑。

在链传动上也存在类似的现象。

(1) 链条疲劳破坏 链条疲劳破坏主要发生在闭式传动中,如链板因拉力变化引起疲劳断裂;滚子因接触应力引起表面疲劳剥落。

(2) 链条铰链磨损 链条铰链磨损主要发生在开式传动中。铰链反复曲折导致磨损,使链条变长,最后引起跳齿和脱链。

(3) 链条铰链的胶合 在润滑不良或速度过高时,铰链接触表面发生胶合。

(4) 链条的过载拉断 低速重载时,链条因过载被拉断。

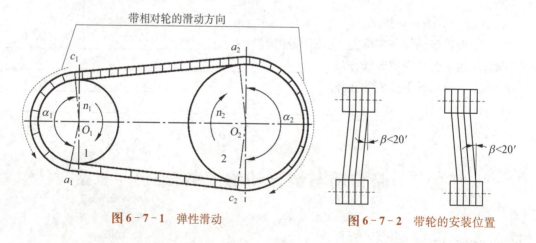

图 6-7-1 弹性滑动　　　　图 6-7-2 带轮的安装位置

一、带传动与链传动的安装与维护

1. 带传动的安装与维护

正确的安装和维护是保证带传动正常工作、延长胶带使用寿命的有效措施,一般应注意以下几点:

① 平行轴传动时各带轮的轴线必须保持规定的平行度。V带传动主、从动轮轮槽必须

调整在同一平面内,误差不得超过20°,如图6-7-2所示,否则会引起V带的扭曲使两侧面过早磨损。

② 汽缸盖套装带时不得强行撬入,应先将中心距缩小,将带套在带轮上,再逐渐调大中心距来拉紧带。在实践中,中等中心距的V带传动中,带的张紧度以大拇指能将带按下为宜。

③ 选用V带时要注意型号和长度,型号应和带轮轮槽尺寸相符合,新旧不同的V带不同时使用。

④ 安装V带时,V带的顶面应与带轮的外缘对齐或略高一点,底面应与轮槽间留有一定间隙,否则将会影响带传动的正常运行。

⑤ 多根V带传动时,为避免各根V带载荷分布不均,带的配组公差(请参阅有关手册)应在规定的范围内。

⑥ 对带传动应定期检查并及时调整,发现损坏的V带应及时更换。新旧带、普通V带和窄V带、不同规格的V带均不能混合使用。

⑦ 带传动装置必须安装安全防护罩。这样既可防止绞伤人,又可防止灰尘、油及其他杂物飞溅到带上影响传动。

⑧ 胶带工作温度不应超过60℃。

2. 链传动的安装与维护

链传动的布置有以下几条原则:

① 两链轮应位于同一铅垂面内,且两轴线平行,紧边在上在下都可以,但在上更好。

② 两链轮中心线最好水平布置或与水平线成45°以下的倾斜角,尽量避免垂直布置。

③ 当必须采用垂直传动时,两链轮应偏置,使两链轮中心不在同一铅垂面内,否则需要采用张紧装置。

良好的润滑可以减轻链传动的磨损,有利于缓和冲击,延长链条的使用寿命。链传动常用的润滑方法有人工润滑、滴油润滑、油浴润滑、喷油润滑等。

(1) 人工润滑 用油刷或油壶定期为链条刷油,适用于链速低于4 m/s的非重要链传动,操润滑方式如图6-7-3所示。

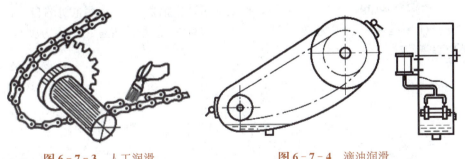

图6-7-3 人工润滑　　　　图6-7-4 滴油润滑

(2) 滴油润滑 用油杯和油管向链条松边的内、外链板间歇处滴油,适用于链速不超过10 m/s的链传动,润滑方式如图6-7-4所示。

(3) 油浴润滑 将链条浸在油池中或利用甩油盘将油甩到链条上,适用于链速为6~12 m/s的大功率链传动,润滑方式如图6-7-5所示。

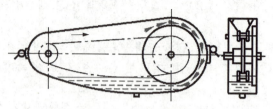

图 6-7-5 油浴润滑

（4）喷油润滑　利用油泵将润滑油持续地喷射到链条上,适用于高速大功率的链传动,润滑方式如图 6-7-6 所示。

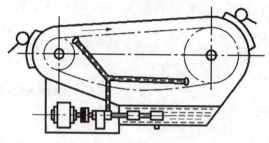

图 6-7-6 喷油润滑

二、带传动与链传动的张紧方法

1. 带传动的张紧方法

带传动的张紧程度对其传动能力、寿命和轴压力都有很大的影响。根据带的摩擦传动原理,在安装时需将带张紧;当带传动运行一段时间后,带由于塑性变形和磨损将变得松弛,此时为了保证带传动的正常运行,须调整,使带重新张紧。常用的张紧方法有调整中心距张紧和使用张紧轮张紧两类。其中,调整中心距法又可分为定期张紧与自动张紧。

（1）定期张紧　如图 6-7-7(a、b)所示,将装有带轮的电动机装在滑道上,旋转调节螺钉以增大或减小中心距从而达到张紧或松开的目的,这种张紧装置适用于水平或倾角不大的带传动。

（2）自动张紧　如图 6-7-7(c)所示,把电动机装在摇摆架上,利用电机的自重,使电动机轴心绕铰点 A 摆动,拉大中心距达到自动张紧的目的,这种装置适用于不方便调整中心距的小功率带传动。

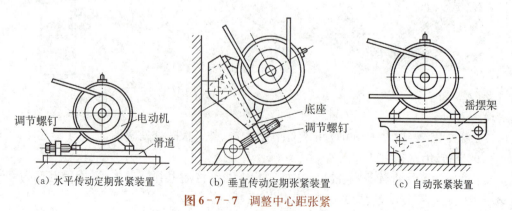

(a) 水平传动定期张紧装置　　(b) 垂直传动定期张紧装置　　(c) 自动张紧装置

图 6-7-7 调整中心距张紧

(3) 张紧轮法　带传动的中心距不能调整时,可采用张紧轮法。如图6-7-8(a)所示为定期张紧装置,定期调整张紧轮的位置可达到张紧的目的。如图6-7-8(b)所示为摆锤式自动张紧装置,依靠摆锤重力可使张紧轮自动张紧。

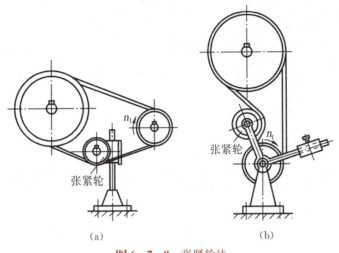

图6-7-8　张紧轮法

2. 链传动的张紧方法

链传动张紧的方法很多,若链轮的位置能够移动,则可通过调节链轮中心距的方式对链条进行张紧,具体方法与带传动的张紧类似,如图6-7-9所示。

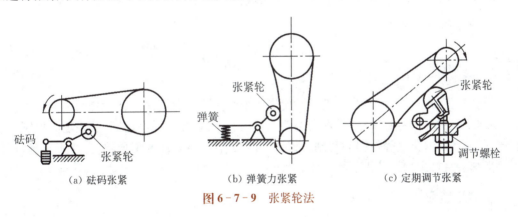

图6-7-9　张紧轮法

任务训练

1. 带传动常用的张紧方法有_____和_____。
2. 链传动常用的润滑方法有_____、_____、_____、_____等。
3. 带传动的定期张紧可分为_____和_____两种。
4. 链传动的张紧轮法可分_____、_____和_____三种。

评价反馈

1. 通过本任务的学习,你能否做到以下几点:

(1) 掌握带传动与链传动的安装与维护。
能□　　　　　不确定□　　　　　不能□
(2) 掌握带传动与链传动的张紧方法。
能□　　　　　不确定□　　　　　不能□
2. 工作任务的完成情况：
(1) 能否正确认识各零部件,完成任务内容：_____
(2) 与他人合作完成的任务：_____
(3) 在教师指导下完成的任务：_____
3. 你对本次任务的建议：_____

任务8　发动机正时带的检查、调整及更换

任务目标

□了解常用发动机正时皮带的检查和更换周期。
□掌握正时皮带相关知识。
□分析发动机运转时正时皮带断裂对发动机的影响。
□掌握发动机正时皮带的拆装及其注意事项。

建议学时　2

任务描述

发动机正时皮带的拆装与更换是现代汽车维修保养学中最常见、最关键、工艺要求极高的一项专项工作。一条正时皮带左右着两大机构、五大系统的顺序运行,准确正时地制约着进气,压缩、做功、排气等行程的时刻。如果更换工艺不达标,技术不成熟,方法不正确,过程不严谨都会直接影响发动机正常工作。

学习过程

一、发动机正时带的检查和更换周期

正时皮带属于橡胶部件,随着发动机工作时间的增加,正时皮带及其的附件,如正时皮带张紧轮、正时皮带张紧器和水泵等都会磨损或老化。因此,凡是装有正时皮带的发动机,厂家都会有严格要求,在规定的周期内更换正时皮带及附件。更换周期随着发动机的结构不同而有所不同,一般在车辆行驶到8万~10万千米时应该更换,具体的更换周期应该以车辆的保养手册说明为准。

二、正时皮带

1. 正时皮带作用

正时皮带是发动机配气系统的重要组成部分,如图6-8-1所示,与曲轴的连接并配合

一定的传动比来保证进、排气时间的准确,活塞的行程(上下的运动)、气门的开启与关闭(时间)、点火的顺序(时刻)在正时传动带的作用下,时刻保持"同步"运转。

图 6-8-1　正时皮带

汽车发动机工作过程中,在汽缸内不断发生进气、压缩、做功、排气 4 个过程,并且,每个步骤的时机都要与活塞的运动状态和位置相配合,使进气与排气及活塞升降相互协调起来,正时皮带在发动机里面扮演了一个"桥梁"的作用,在曲轴的带动下将力量传递给相应机件。有许多高档车为保证正时系统工作稳定,采用金属链条来替代皮带。

2. 正时皮带组件

正时皮带组件如图 6-8-2 所示。

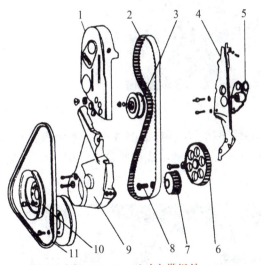

1—正时齿带上护罩　2—正时齿带　3—正时齿带张紧轮
4—正时齿带后护罩　5—塞盖　6—中间轴正时齿带轮
7—曲轴正时齿带轮　8—曲轴正时齿带轮紧固螺栓
(拧紧力矩 80 N·m)　9—正时齿带下护罩
10—曲轴 V 形带轮　11—V 形带

图 6-8-2　正时皮带组件

三、发动机运转时正时皮带断裂对发动机的影响

1. 行驶过程中正时皮带断裂　在汽车行驶过程中,正时皮带突然断裂会导致:

(1) 干涉式设计(气门/活塞干涉)　损坏发动机内部构件如气门、活塞、凸轮轴、曲轴等。

(2) 自由式设计(无气门/活塞干涉)　发动机熄火、无法起动。

2. 正时皮带断裂　故障发生在行车中尤其是高速行驶居多,大都发生在正时皮带更换保养期后。故障发生前没有前兆都是突然发生的。

套筒、梅花扳手、开口扳手、十字起、棘轮扳手、接杆、扭力扳手、紧张轮扳手。

任务实施

1. 正时皮带拆装工具选择

2. 拆卸正时皮带

步骤1：拆卸冷却风扇及其支架。

举起车辆到工作高度。关闭点火开关，拔下电线插头。

关闭点火开关，断开冷却风扇电动机的电线插头，主要目的是防止发动机水温达到一定温度时，风扇突然转动而造成人身伤害。拔下电线插头时，先按下插座上的卡片，解除锁止，方可拔出电线插头。

如图6-8-3所示，拆卸冷却风扇下端的两个螺栓。冷却风扇的在上下两端各有两颗螺栓，拆卸冷却风扇下端的两颗螺栓，注意小心操作。

图6-8-3 拆卸冷却风扇螺栓

降下车辆，拆卸冷却风扇上端的两个螺栓，并取下冷却风扇，如图6-8-4所示。在取出冷却风扇时注意调整风扇的角度，严禁生拉硬拽，否则，容易照成散热器、冷却风扇及其支架的损伤。

图6-8-4 拆卸冷却风扇

步骤2：拆卸空调压缩机传动带。
只需要松下压缩机传动带即可，如图6-8-5所示。

（a）发动机传动带　　　　　　　　（b）压缩机传动带的张紧螺栓

图6-8-5　拆卸空调压缩机传动带

步骤3：拆卸发电机传动带及张紧装置，如图6-8-6所示。

图6-8-6　拆卸发电机传动带及张紧装置

步骤4：拆卸发动机传动带张紧装置。
注意在取下最后1颗螺栓时，要用手扶住传动带张紧装置，避免掉落到地上损伤张紧装置，如图6-8-7所示；传动带的张紧装置取下后，严禁在无固定的情况下拔出张紧轮定位销，避免弹簧的回位弹力造成人身伤害。

图6-8-7　发动机张紧装置

步骤5：拆卸正时齿带上端防护罩。

正时齿轮带的上、中防护罩部分叠加、交叉，拆卸时应注意观察两者间的配合关系，便于正确安装，如图6-8-8所示。

图6-8-8　拆卸正时齿带上端防护罩

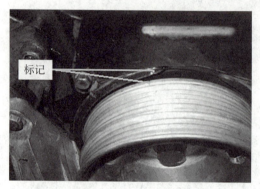

图6-8-9　对齐标记

步骤6：确认配气正时。用扳手转动曲轴，使凸轮轴齿轮上带有标记的齿轮与正时齿带后防护罩上的箭头标记对齐。这是一对配合标记，确认发动机配气正时时，两者要对齐，如图6-8-9所示。此时，发动机1缸的进、排气门均处于关闭状态。

曲轴皮带轮上的内侧边沿上的缺口标记，与正时齿带下防护罩上的箭头标记也是一对配合标记，确认发动机配气正时时，两者也要对齐。此时，1缸的活塞处于压缩上止点的位置。

步骤7：拆卸曲轴皮带轮。在拆卸曲轴带轮时，一人用扳手固定凸轮轴带轮，另一人拆卸曲轴传动带轮；也可以采用变速器挂入某一挡位，踩下制动踏板的方法固定曲轴。

步骤8：拆卸中防护罩。如图6-8-10所示，拆卸中防护罩时，有3颗螺栓，其中下面两颗和下防护罩共用，取出下防护罩。

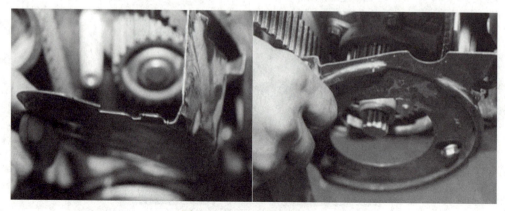

图6-8-10　拆卸中防护罩

步骤9：拆卸正时齿带。松开偏心轮，取下正时齿带。正时齿轮带的张紧轮是一个偏心轮，松开其固定螺栓后便自动减小或消除对正时齿带的张紧力，便于取下正时齿带。松开张紧轮后，便可取下正时传动带，如图6-8-11所示。

图6-8-11　拆卸正时齿带

步骤10：检查正时齿带。如图6-8-12所示，表面如果出现开裂、断层、断线，说明正时齿轮带已经老化，不适合继续使用，应更换。

图6-8-12　检查正时齿带

步骤11：目视检查曲轴正时齿轮齿顶和齿根是否明显磨损和变形，如图6-8-13所示。
步骤12：目视检查凸轮轴齿带轮、凸轮轴带轮齿顶和齿根是否明显磨损和变形。

图6-8-13　目视检查曲轴正时齿轮、凸轮轴齿带轮

步骤13:检查正时齿带张紧轮,如图6-8-14所示。张紧轮应可以自由转动,接触面应无明显偏磨、凹陷等损伤。

图6-8-14 检查正时齿带张紧轮

3. 安装正时皮带

安装正时齿带的步骤基本与拆卸的步骤相反。在安装时要保持双手干净,严禁将水、油等黏附到传动带上。否则,容易出现跳齿现象。另外,油、水等物质,也会加剧正时传动带的磨损。

步骤1:安装正时齿带,如图6-8-15所示。要确保正时传动带与曲轴的正时齿轮正确接触。

图6-8-15 安装正时齿带

步骤2:安装正时齿轮罩,如图6-8-16所示。安装正时齿带下防护罩时,注意不要松开正时传动带。否则,不能保证齿传动带和带轮的正确接触。

曲轴带轮和正时带轮两者之间有着严格的定位规定,通过定位孔和定位销来保证。一旦出现偏差,将会影响发动机配气正时的正确性。

步骤3:对凸轮轴、曲轴的正时记号,如图6-8-17所示。在安装过程中要注意正时记号,如果正时记号不正确,应先转动凸轮轴的齿轮,使凸轮轴上的标记对齐上后面防护罩上的标记,再使曲轴带轮上的标记对齐上正时传动带下防护罩上的标记。这样做的目的是避免直接转动凸轮轴导致气门与活塞发生运动干涉。

转动曲轴带轮时,要用手抓紧正时传动带,保持传动带与齿轮正确接触。否则,正时齿带松脱受到挤压,容易损坏正时齿带。

图 6 - 8 - 16　安装正时齿轮罩　　　　图 6 - 8 - 17　对凸轮轴、曲轴的正时记号

步骤4:调整正时齿轮带的张紧度。使用工具转动张紧轮时,要缓慢用力。否则,容易造成正时齿带损伤。专用扳手和套筒扳手配合使用时,专用扳手固定,套筒扳手拧紧张紧轮固定螺栓。否则,正时齿带的挠度会发生变化。拧紧张紧轮的紧固螺母,拧紧力矩为45 N·m。

装配好后,应检查正时传动带的张紧度应符合规定的要求,过大或过小均会带来不利影响。

步骤5:安装正时齿轮带的上防护罩。

步骤6:安装发电机传动带的张紧装置。

步骤7:安装发电机及传动带。

步骤8:安装压缩机传动带。

步骤9:安装冷却风扇及其支架。冷却风扇电动机的电线插头一定要插入到位,保证电线插头上的定位卡与孔可靠配合。否则,电路虚接,既容易影响电动机的正常运转,又容易烧毁电动机。

步骤10:发动机运转检查。正时传动带更换完毕,检查必须发动机运转,及时发现维修中的故障隐患和检验维修质量。

想一想　正时传动带的作用是什么?

任务训练

1. 正时传动带过松或过紧有什么危害?
2. 简述正时传动带的安装注意事项。
3. 简述正时传动带如何检查。

评价反馈

1. 通过本任务的学习,你能否做到以下几点:

(1) 了解常用发动机正时带的检查和更换周期。
能□   不确定□   不能□
(2) 掌握正时皮带相关知识。
能□   不确定□   不能□
(3) 能分析发动机运转时正时皮带断裂对发动机的影响。
能□   不确定□   不能□
(4) 能在教师的指导下，运用所学知识，掌握发动机正时皮带的拆装及其注意事项。
能□   不确定□   不能□

2. 工作任务的完成情况：
(1) 能否正确认识各零部件，完成任务内容：_____
(2) 与他人合作完成的任务：_____
(3) 在教师指导下完成的任务：_____

3. 你对本次任务的建议：_____

附录

【汽车机械基础】

课程标准

一、适用专业及面向岗位

汽车运用技术专业群——汽车检测与维修专业、汽车制造与装配等专业。面向社会培训汽车维修的各个岗位。

二、课程性质

汽车机械基础是汽车运用技术专业群的技术平台核心课程，是实现专业群共性专业能力：汽车制造与维修中常用材料分析与选用能力、汽车零部件测量能力和汽车典型机构分析能力的专业基础课程，也是汽车发动机构造与原理、汽车底盘构造与性能等其他技术平台核心课程的前导课程。因此，它在整个专业课程的学习中占有很重要的地位，其任务是着重基本知识、基本理论和基本方法，培养学生具有一定机械认知和应用能力，同时培养学生分析解决问题的能力及严谨的工作作风，为企业培养实用性人才。

三、课程设计

首先，本课程标准设计遵循以能力为本位、以职业实践为主线、以项目教学为主体的核心思想。作为课程的基础，能够为后续的专业课程打下坚实的基础。

第二，通过行业调研，邀请行业专家，分析汽车运用与维修专业所涵盖的岗位群的典型工作任务和职业能力，内容涉及面广但不深，以理论知识够用为原则。

第三，突出学生主体地位，注重学生的能力培养。面向汽车运用技术专业群全体学生，注重机械基础的基本理论、基本方法和基本技能的学习及素质教育，激发学生的学习兴趣，启发、提示其自主地、全面地理解基本理论和基本方法，提高学生的思维能力和实际动手能力，增强其理论联系实际的能力。在目标设定、教学过程、课程评价和教学资源的开发等方面突出以学生为主体的思想，注重学生实际操作能力与应用能力的培养。

第四，在确定本课程内容与要求时，充分考虑到汽车修理工、钣金工等职业资格证书以及业资格证的考核要求，力求本课程内容结合汽车运用与维修各工种考证的相关内容。

第五，采用任务引领型的课程结构，每个项目以具体工作任务引出必须的课程理论。内容的理论性不太强，能与汽车的基本结构和相关实物相联系，注重知识的实用性与趣味性。

第六,作为一门汽车运用与维修专业的基础课程,具有专业指导性。以机电、汽车相关专业所面向的主要就业岗位为导向,选取以汽车(机械)的组成及传动路线为主线的教学内容和实训项目,以典型工作任务为引领,选取以机械的组成及传动路线为主线的教学内容和实训项目,以动力、传动、行驶、液压控制装置的典型机构为载体,组成常用工量具认识与使用、机械总体构造分析、动力装置机构分析与应用、传动系统结构认识与分析、液压控制装置分析与应用等情境单元,形成"工作任务驱动,结构认识导入,项目教学引领,理论实践结合,过程评价考核,能力逐步提升"的行动导向教学模式。教材中"学习过程"相关知识链接根据需要配备教学资源,扫描二维码打开教学资源链接观看。

四、课程教学目标

本课程在教学过程中,结合学生和本专业实际,运用动画、视频等教学资源和现场参观、汽车零件部件拆装等教学手段和方法,使学生能够正确解决机械设备中具有共性的工程问题,培养学生将来在生产现场管理中所需的严谨作风、分析问题解决问题的能力、团队合作能力、与人沟通交流的能力以及创业精神和创新意识。

(一)知识目标

通过本课程的学习,系统了解汽车机械方面的基本理论与分析计算方法;准确理解课程的研究对象和特点;掌握课程的基本概念及具体内容;能熟练运用分析方法分析具体案例;侧重于对学生在思考问题和分析处理问题方面的培养。

(二)职业能力目标

掌握各种机械传动,如带传动、链传动、齿轮传动、凸轮机构、四杆机构、螺纹连接、键连接等在汽车上的应用以及其运动特性、结构特点和工作原理。掌握液压传动的工作原理,了解汽车常用的液压回路、液压元件,能初步分析汽车液压元件常见故障。能正确使用各种常用维修工具、量具。通过师生、学生间的讨论、合作,培养学生表达能力和人际沟通能力,让学生能从维修案例中寻找共性,举一反三,不断积累汽车维修经验,能胜任岗位要求,又能适应汽车运用与维修市场的变化和发展需要。

(三)过程与方法目标

在教学过程中,突出学生主体,采用案例教学,启发学生善于观察、自主思考、独立分析问题与解决问题。学生能够正确、灵活运用利用所学原理与方法,举一反三,体现实际应用技能的培养目标。

(四)情感态度与价值观目标

采用项目教学、引导文教学、案例教学等教学方法。注重基础应用性,从理论的传授过渡到方法的学习。通过本课程,掌握工程实践的基本思维方式及技术;在每个项目任务中都有相应的案例,与汽车机械结合紧密,让学生积极参与案例分析。与课程内容紧密配合的课堂活动(讨论、案例分析等),丰富了教学内容,调动了学生学习的兴趣,激发他们学习的热情。

(五)职业道德与素质养成目标

通过实践活动,让学生领悟并认识到敬业耐劳、尊重规则、团队协作、崇尚卓越等职业道德与素质的重要性,使学生自我培养良好的职业道德,注重职业素质养成。

五、参考学时与学分

参考学时：116 学时

六、课程内容与要求

序号	项目名称	工作任务	能力(知识、技能、职业素养)目标
1	项目一 汽车工量具认识与使用	任务1 汽车常用测量工具的使用	1. 养成安全文明生产的良好习惯 2. 认识汽车维修常用量具 3. 掌握常用测量工具的选择及使用 4. 学会常用量具的维护
		任务2 汽车常用工具的使用	1. 认识汽车维修常用工具 2. 了解汽车维修常用工具的类型、结构 3. 掌握汽车维修常用工具的选择与正确使用方法
		任务3 汽车专用工具的使用	1. 掌握常用量具的使用方法 2. 会分析一般测量误差 3. 能正确选用与维护常用量具量仪 4. 能根据工作任务要求,胜任一般机械产品的检测、拆装调试工作
		任务4 拆装发动机气缸盖	1. 掌握常见汽车维修工具使用方法 2. 了解常见汽车维修专用工具使用方法 3. 建立技术标准概念 4. 能按技术标准熟练使用工具拆装 5. 养成安全文明生产的良好习惯
2	项目二 汽车机械结构与材料认识	任务1 汽车机械结构认知	1. 掌握汽车基本组成及功用 2. 了解运动副的组成及特点,掌握运动副在汽车中的应用 3. 能分析发动机总成中包含的机械结构 4. 能分析底盘总成中包含的机械结构 5. 能分析车身总成中包含的机械结构
		任务2 汽车零部件材料分析	1. 掌握汽车零件常用金属材料(含有色金属) 2. 掌握汽车零件常用非金属材料 3. 会鉴别汽车常用件的材料属性
		任务3 拆装驱动桥并分析各零件材料	1. 能熟练运用工具进行拆卸 2. 能分析动力传动路线 3. 能鉴别各部件的材料属性、分析加工工艺 4. 能按技术要求装配
3	项目三 汽车转向结构应用	任务1 认识平面连杆机构	1. 能分析平面连杆机构的组成和基本形式 2. 掌握平面连杆机构
		任务2 平面连杆机构在汽车中的应用	1. 能判别汽车常用平面连杆机构类型 2. 能分析典型汽车分析平面连杆机构在汽车转向系统中的应用

（续表）

序号	项目名称	工作任务		能力（知识、技能、职业素养）目标
3	项目三 汽车转向结构应用	任务3	认识液压传动系统	1. 掌握认识液压传动系统分类及系统组成 2. 认识液压部件及装置 3. 掌握各压力控制回路的类型、特点及区别
		任务4	汽车典型液压助力系统分析	1. 了解液压助力泵的组成及作用 2. 能分析汽车液压助力转向系统的工作原理 3. 掌握汽车液压助力系统结构
		任务5	拆装汽车转向系统	1. 掌握液压助力泵的拆装步骤 2. 掌握液压助力泵拆装的安全注意事项
4	项目四 汽车传动结构应用	任务1	认识齿轮传动（含失效形式）	1. 掌握齿轮的结构和类型 2. 掌握轮系的分类和功用 3. 掌握轮系的分类和功用 4. 掌握汽车齿轮基本参数 5. 会计算标准直齿圆柱齿轮几何尺寸
		任务2	轮系传动比计算	1. 会计算定轴轮系的传动比 2. 会计算周转轮系的传动比
		任务3	齿轮传动在变速器中的应用	1. 能以典型汽车分析齿轮传动在变速器中的应用 2. 掌握汽车齿轮的材料 3. 掌握汽车齿轮的失效形式
		任务4	拆装汽车变速器	1. 掌握变速器拆装工具及使用方法 2. 掌握变速器拆装步骤及工作要点 3. 掌握变速器拆装的注意事项
5	项目五 汽车轴系零部件应用	任务1	认识轴系零部件	1. 掌握轴的功用及类型 2. 掌握轴的结构组成 3. 掌握轴的材料及失效形式
		任务2	认识轴承	1. 掌握滑动轴承和滚动轴承的结构 2. 掌握轴与轴承之间的润滑方式 3. 会选用润滑剂
		任务3	轴系零部件在汽车上的应用	1. 掌握联轴器、离合器、万向节组成的主要类型和结构特点 2. 分析联轴器、万向节、离合器及制动器的工作原理 3. 掌握联轴器、万向节、离合器及制动器在汽车中的应用
		任务4	拆装汽车万向传动装置	1. 掌握汽车万向传动装置拆装工具及使用方法 2. 掌握汽车万向传动装置拆装步骤及工作要点 3. 掌握汽车万向传动装置拆装的注意事项
6	项目六 发动机结构与分析	任务1	认识曲柄连杆机构	1. 掌握曲柄连杆机构的功用及组成 2. 能分析曲柄连杆机构各部件的受力情况 3. 能分析发动机曲柄连杆机构的急回特性与应用 4. 掌握曲柄存在的条件

(续表)

序号	项目名称	工作任务	能力(知识、技能、职业素养)目标
		任务2 拆装发动机曲柄连杆机构	1. 掌握汽车动机曲柄连杆机构拆装工具及使用方法 2. 掌握汽车动机曲柄连杆机构拆装步骤及工作要点 3. 掌握汽车动机曲柄连杆机构拆装的注意事项
		任务3 认识凸轮机构	1. 掌握凸轮机构的功用及组成 2. 能分析凸轮机构各部件的受力情况
		任务4 分析凸轮机构在发动机上的应用	1. 能分析发动机配气机构工作原理 2. 掌握凸轮机构在配气机构中作用 3. 能分析凸轮机构受力情况
		任务5 调整气门间隙	1. 掌握气门间隙的作用 2. 会调整气门间隙 3. 掌握调整气门间隙的注意事项
		任务6 认识带传动、链传动	1. 掌握带传动和链传动的结构、类型及标记 2. 掌握带传动和链传动的工作原理及传动比
		任务7 带传动与链传动的安装、维护与张紧	1. 掌握带传动和链传动在汽车上的应用 2. 掌握汽车正时带的选用方法
		任务8 发动机正时皮带张紧度调整	1. 理解皮带张紧度调整的原理 2. 掌握皮带张紧度调整的方法

七、资源开发与利用

(一)教学方式与考核方法

本课程按照建构模式,采用实践—理论—再实践的教学顺序,在典型任务部分以学生为主,教师的示范、指导为辅;在理论知识阶段,教师的讲授与学生的分析讨论所占比重大致相等。

为保证学习活动的顺利开展,要求教师事先为学生布置学习任务,提供必要的学习资料;要求学生先预习,在课堂上采取集中讲授、问题研讨等多种形式解决相关问题;在实训环节采取分组方式,分派各组工作任务,分工合作共同完成学习任务。

广泛采用情境教学、案例教学等方法,从理论的传授过渡到方法的学习。使学生掌握管理的基本思维方式及管理实践技能;在每一次课上都有相应的案例,与工程案例紧密结合,鼓励学生积极参与案例分析;密切结合高职学生的特点,突出学生主体,寓教于乐;以与课程内容紧密配合的课堂活动(讨论、案例分析等),丰富教学内容,调动学生学习的兴趣,激发他们的学习热情和互动交流意识,使学生真正成为学习的主人。

注重全面考察学生的学习状况,激发学生的学习兴趣,激励学生的学习热情,促进学生的可持续发展。对学生学习的评价,既关注学生知识与技能的理解和掌握,更要关注他们情感与态度的形成和发展;既关注学生学习的结果,更要关注他们在学习过程中的进展和变化。评价的手段和形式应多样化,充分关注学生的个性差异,发挥评价的启发激励作用,增强学生的自信心,提高学生的实际应用技能。

采用综合评价方式,采取学生自评、小组内部互评、学习小组互评和教师评价方式,形成综合实训成绩。

（二）教材编写与使用

本套教材的编写指导思想是：贯彻党的教育方针，针对当前职业学生的特点，本着"够用、实用"的原则，更新教学内容，突出技能训练，强化创新能力的培养，以培养具备较宽理论基础和复合型技能的人才，适应科技进步、经济发展和市场的需要。

改变原有以学科为主线的课程模式，尝试构建以岗位能力为本位的专业课程新体系。对汽车维修、制造企业的专业发展趋势、人才需求状况、职业岗位群对知识技能的要求等方面进行系统调研，以技能为本位，以就业为导向，着力构建"核心能力＋项目任务"的专业课程新模式。满足岗位实用型、技能型人才培养的需要。

（三）数字化资源开发与利用

本课程运用现代多媒体技术，根据任务的知识点，开发数字资源（动画和视频），以二维码扫描链接的形式再现，实现学习者移动端的在线学习，帮助学生掌握相关知识技能，提高教学资源利用率，提高教学效果。配合课程教学的助教、助学资源符合以下要求：

（1）内容符合课程标准要求，教学目标明确，取材合适；

（2）符合认知规律，逻辑性强，利于学生知识与能力的建构；

（3）媒体资源使用恰当，和传统教学方法相得益彰，互动性好；

（4）文字、符号、公式、计量单位符合国家标注或惯例；

（5）教师教学中不能过分依赖数字化资源，实践性示范指导更为重要。

八、课程实施条件

在课程教学中，双导师的专业能力是课程实施的必要条件。教师必须熟悉相关岗位典型工作任务及职业素养要求，并具备丰厚的理论知识与教学能力；企业导师应具备熟练的岗位实践工作经验和培训能力。

汽车机械基础课程鱼骨图

鱼头： 胜任符合汽车各项维修任务工作岗位要求

鱼尾： 认知激发汽车维修工作岗位兴趣

项目一 汽车工具、量具认识应用
1. 认识汽车常用及专用工量具，掌握其使用方法
2. 能根据任务要求，列出所需工具及材料清单，合理制定工作计划
3. 能正确使用专用工具，进行检测、拆卸、装配
4. 能按照作业规程，在任务完成后清理现场，正确填写项目验收单

项目二 汽车机械结构认识
1. 能说出汽车发动机、底盘、车身总成的机械结构
2. 能鉴别汽车常用材料并分析其属性
3. 能正确使用常用工具，进行基本检测、拆卸、装配操作
4. 能按照作业规程，在任务完成后清理现场

项目三 汽车转向结构应用
1. 能正确描述转向系的组成和运动特征
2. 能根据任务要求，列出所需工具及材料清单，合理制定工作计划
3. 能说出汽车转向系各部件的结构、类型、标记及在汽车上的应用
4. 能正确使用常用工具，进行检测、拆卸、装配操作

项目四 汽车传动结构应用
1. 能正确描述齿轮的结构和类型
2. 能正确描述轮系的分类和功用
3. 认识直齿圆柱齿轮的结构和基本参数
4. 了解齿轮的失效形式
1. 会计算标准直齿圆柱齿轮几何尺寸
2. 能计算定轴齿轮系和周转轮系的传动比
3. 能举例说明汽车传动齿轮在汽车变速器中的应用
4. 能举例说明汽车齿轮变速器、轮系材料的选择和注意事项
5. 能正确使用常用拆装工具，拆卸、装配变速器，能说出拆装的注意事项

项目五 汽车轴系零部件的拆装
1. 掌握轴的功用、类型
2. 掌握轴的结构设计，材料和失效形式
3. 掌握轴承的代号、离合器、万向节及应用
1. 掌握轴承类型与选用、润滑方式与润滑剂的选用
2. 掌握联轴器、离合器、万向节类型与选用
3. 能正确使用工具，拆装轴承、装配轴系零件
4. 掌握联轴器、离合器、万向节的工作原理及应用

项目六 发动机结构与分析
1. 能正确描述发动机的基本结构组成和功用，以及各零件间运动情况
2. 能根据任务要求，列出所需工具及材料清单，合理制订工作计划
1. 熟悉发动机各部件的结构类型、标记及在汽车上的应用
2. 能正确使用常用测量工具，进行检测、装配
3. 能按照作业规程，在任务完成后清理现场

图书在版编目(CIP)数据

汽车机械基础/许媛等主编. —上海：复旦大学出版社，2022.7
ISBN 978-7-309-16078-9

Ⅰ.①汽⋯ Ⅱ.①许⋯ Ⅲ.①汽车-机械学-高等职业教育-教材 Ⅳ.①U463

中国版本图书馆 CIP 数据核字(2021)第 275686 号

汽车机械基础
许媛 等 主编
责任编辑/张志军

复旦大学出版社有限公司出版发行
上海市国权路 579 号 邮编：200433
网址：fupnet@fudanpress.com　http://www.fudanpress.com
门市零售：86-21-65102580　团体订购：86-21-65104505
出版部电话：86-21-65642845
上海四维数字图文有限公司

开本 787×1092 1/16 印张 16 字数 389 千
2022 年 7 月第 1 版第 1 次印刷

ISBN 978-7-309-16078-9/U・29
定价：46.00 元

如有印装质量问题，请向复旦大学出版社有限公司出版部调换。
版权所有　侵权必究